应用电子与电子信息专业高技能型人才教学用书

电子制作实训

主　编　王　建　祁和义
副主编　葛守峰

机 械 工 业 出 版 社

本书根据应用电子与电子信息专业实训教学大纲而编写。主要内容包括：常用电子仪器仪表的使用、常用电子元器件的检测、电子基本操作技能、典型电子电路的安装与调试等内容。

本书为高等职业学校应用电子与电子信息专业高技能型人才电子音响设备课程的实训用书，也可作为成人高校或职业技术学院相关专业的教材，可作为自学用书，还可供有关技术人员参考。

图书在版编目（CIP）数据

电子制作实训/王建，祁和义主编 . —北京：机械工业出版社，2008. 6（2026. 1 重印）
应用电子与电子信息专业高技能型人才教学用书
ISBN 978-7-111-23854-6

Ⅰ. 电…　Ⅱ.①王…②祁…　Ⅲ. 电子器件—制作—自学参考资料
Ⅳ. TN

中国版本图书馆 CIP 数据核字（2008）第 047405 号

机械工业出版社（北京市百万庄大街 22 号　邮政编码 100037）
策划编辑：朱　华　王振国
责任编辑：王振国　版式设计：霍永明　责任校对：樊钟英
封面设计：陈　沛　责任印制：刘　媛
北京富资园科技发展有限公司印刷
2026 年 1 月第 1 版第 11 次印刷
184mm×260mm · 9 印张 · 218 千字
标准书号：ISBN 978-7-111-23854-6
定价：29. 80 元

电话服务　　　　　　　　网络服务
客服电话：010-88361066　机 工 官 网：www.cmpbook.com
　　　　　010-88379833　机 工 官 博：weibo.com/cmp1952
　　　　　010-68326294　金 书 网：www.golden-book.com
封底无防伪标均为盗版　机工教育服务网：www.cmpedu.com

高等职业教育院校高技能型人才教学用书

编审委员会

序

　　自中国加入世界贸易组织后，中国的经济飞速发展，对各层次专业人才的需求不断增加。随着经济全球化进程的不断深入，发达国家的制造能力加速向发展中国家转移，我国已成为全球的加工制造基地，这样就造成了高技能型人才的严重短缺。媒体在不断呼吁现在是"高薪难聘高素质的高技能型人才"，高技能型人才的严重短缺成为社会普遍关注的热点问题。针对这一问题，国家先后出台了《国务院关于大力推进职业教育改革与发展的决定》、《关于全面提高高等职业教育教学质量的若干意见》和《国务院关于大力发展职业教育的决定》、《关于进一步加强高技能人才工作的意见》等相关政策和法规，决定大力发展职业教育，加强高技能型人才的培养。

　　作为高技能型人才的重要培养基地，高职高专和高级技工学校如何突破传统的课程设置和教学模式，主动适应未来经济发展对人才的要求，已经成为非常迫切的任务。教学过程中，实训是培养高技能型人才的重要途径，而教材的质量直接影响着高技能型人才培养的质量。因此，编制一套真正适合于高职高专和高级技工学校教学的实训教材迫在眉睫。

　　为了全面学习和贯彻国家相关文件的精神，突出"加强高技能型人才的实践能力和职业技能的培养，高度重视实践和实训环节教学"的要求，结合国家职业标准，我们编写了"应用电子与电子信息专业高技能型人才教学用书"。本套实训教材的编写特色是：

　　1. 教材编写以职业能力建设为核心，在职业分析、专项能力构成分析的基础上，把职业岗位对人才的素质要求，即将知识、技能以及态度等要素进行重新整合，突破传统的学科教育对学生技术应用能力培养的局限，以模块构架实训教学体系。

　　2. 内容上涵盖国家职业标准对各学科知识和技能的要求，从而准确把握理论知识在教材建设中的"必需、够用"，又有足够技能实训内容的原则；注重现实社会发展和就业需求，以培养职业岗位群的综合能力为目标，从而有效地开展对学生实际操作技能的训练与职业能力的培养。

　　3. 教材结构采用模块化，一个模块包含若干个项目，一个项目就是一个知识点，重点突出，主题鲜明，打破原有的教材编写习惯，不追求知识体系的多学科扩展渗透，而追求单科教学内容单纯化和系列教材的组合效应。

　　4. 以现行的相关技术为基础，以项目任务驱动教学，从提出训练目的和要求开始，设定训练内容，突出工艺要领和操作技能的培养。在项目的"相关知识点析"部分，将项目涉及的理论知识进行梳理，努力使实训脱离理论教材。将每个实训项目的训练效果进行量化，在"成绩评分标准"中对训练过程进行记录，并相应地给出量化参考标准。

　　5. 教材内容充分反应新知识、新技术、新工艺和新方法，具有超前性和先进性。

高等职业教育院校高技能型人才
教学用书编审委员会

前　言

根据《高技能人才培养体系建设"十一五"规划纲要》和国家对高等职业教育发展的要求，为落实"十一五"期间完善高技能型人才培养体系建设，加快培养一大批结构合理、素质优良的技术技能型、复合技能型和知识技能型高技能人才的这一伟大建设目标，结合高等职业院校的教学要求和办学特色，我们特此编写了《电子制作实训》一书。

本书的主要特点是：

1. 以国家最新职业标准为依据，突出工艺要领和操作技能的培养。

2. 采用"模块化"教材结构，每个模块为一个知识单元，主题鲜明，重点突出，以其良好的弹性和便于综合的特点适应实践教学各个环节的具体要求。

3. 在"相关知识点析"部分，将本项目中涉及的理论知识进行梳理，努力使读者在进行实训时脱离理论教材。

4. 将每个实训项目的训练效果进行量化，在"成绩评分标准"中对训练过程进行记录，并相应地给出量化参考标准。

在本书的编写过程中，曾参考了有关资料和文献，在此向其作者表示衷心的感谢！

由于编者水平有限，且时间仓促，书中难免有疏漏、错误和不足之处，恳请读者批评指证。

编　者

目　　录

模块一 常用电子仪器仪表的使用

项目 1.1 安全用电与文明生产

项 目 目 的

1）掌握安全用电与文明生产常识。

2）掌握触电急救的方法。

项 目 内 容

安全用电与文明生产常识。

相 关 知 识 点 析

电子、电器安装与维修人员必须接受安全文明生产教育，在掌握最基本的安全用电知识和工作范围内的安全文明操作规程后，才能参加实际操作。

一、文明生产知识

文明生产就是创造一种规范安全、清洁明亮、秩序井然、能稳定人情绪、符合最佳布局的良好环境，使操作者养成按标准程序和工艺要求进行认真操作的职业规范。

（1）精神文明 精神文明主要是指在生产过程中，操作人员具有良好的职业道德和爱岗敬业的精神，并积极汲取从事相关工作的先进文化知识和操作技能；确保产品质量。

（2）科学管理 采用先进、科学的管理方法，不断提高产品的质量和工作效率，充分发挥人员的主观能动性和创造性，保证生产的有序进行。

（3）操作文明 在生产过程中，严格执行操作规程。动作规范，不浪费材料，保证仪器设备的正常运行。

（4）环境文明 环境文明是指工作场地保持清洁整齐，墙壁、地面、仪器仪表设备等的颜色要选择得当，温度、湿度适中。

综上所述，文明生产是现代企业实现全面质量管理的重要条件。

二、安全用电及消防知识

1. 安全用电注意事项

1）发现用电设备、导线等出现损坏现象时，应立即报告，由相关人员及时进行处理。

2）操作带电设备时勿触到非安全用电的导电部位，更不能用手接触导电部位来判断是否带电。

3）用电设备或电动工具都应接好安全保护地线。

4）设备、工具、仪器等所用的各种插头要保持完好，不用时应拔掉。拔的时候要捏住插头，而不能拉导线。

5）发现漏电掉闸时，切勿重新合上，而应由相关人员排除漏电故障后，方可重新合闸。

6）发现电源有打火、冒烟或不正常气味时，应迅速切断开关，再进行检修。

2. 电子产品装接、调试和维修人员安全操作规程

1）操作前应先检查所使用的仪器设备、工具是否正常，确认正常后方可进行操作。

2）装配或拆换印制板元器件时，要断电操作。

3）调试、检测功率较大的电子装置时，操作人员不少于两人，并应在工作台上设置隔离变压器以及电源开关。

4）凡因静电而易造成损坏的元器件，装配时要带接地手环，焊接时要断开电烙铁电源，用余热进行焊接。

5）工作台面、地面要有绝缘橡胶垫，操作人员要按规定穿戴工作服及手套，使用的仪器、工具要摆放整齐，便于取用。

6）电烙铁要摆放在专用的烙铁架上。使用时，要避免敲打、甩锡，以防止电烙铁损坏及烫伤。

7）剪断印制板上的元器件引线时，要将印制板朝下或用手进行遮挡，避免引线片段飞出伤人。

8）电子产品组装完毕后，机内不得留有元器件引线、螺钉或其他异物。

9）工作结束后要断开电源，并做好场地整理工作。

3. 消防知识

在发生电气设备火警时，或临近电子设备附近发生火警时，应运用正确的灭火知识，采用正确的方法灭火。

1）当电子设备或线路发生火警时，要尽快切断电源，防止火情蔓延和灭火时发生触电事故。

2）对于电火灾，不可用水或泡沫灭火器灭火，尤其是油类的火警，应采用二氧化碳或1211灭火器灭火。

3）灭火人员不应使身体及所持灭火器材触及带电的导线或电子设备，以防触电。

三、触电急救知识

1. 触电急救的要点

触电急救的要点是：抢救迅速和救护得法。即用最快的速度在现场采取积极措施，保护触电者生命，减轻伤情，减少痛苦，并根据伤情需要迅速联系医疗救护等部门救治。

一旦发现有人触电后，周围人员首先应迅速拉闸断电，尽快使其脱离电源。若周围有电工人员则应率先争分夺秒地抢救。

在工作现场发生触电事故后，应将触电者迅速抬到宽敞、空气流通的地方，使其平卧在硬板床上，采取相应的抢救方法。在送往医院的路途中应不间断地进行救护。在1min之内抢救救活的概率非常高，若6min以后再去救人则非常危险。

触电急救要有耐心，要一直抢救到触电者复活为止，或经过医生确定停止抢救方可停止，因为低压触电通常都是假死，进行科学的方法急救是必要的。

2. 解救触电者脱离电源的方法

触电急救的第一步是使触电者迅速脱离电源（使触电者脱离电源的具体方法见表1-1），第二步是对触电者进行现场救护。

表 1-1　使触电者脱离电源的具体方法

处理方法		操作示范图	相关知识及要点
低压电源	拉	(1)　　　(2)	附近有电源开关或插座时，应立即拉下开关或拔掉电源插头
	切		若一时找不到断开电源的开关时，应迅速用绝缘完好的钢丝钳或断线钳剪断电线，以断开电源
	挑		对于因导线绝缘损坏而造成的触电，急救人员可用绝缘工具、干燥的木棒等将电线挑开
	拽		急救人员可戴上手套或在手上包缠干燥的衣服等绝缘物品拖拽触电者；也可站在干燥的木板、橡胶垫等绝缘物品上，用一只手将触电者拖拽开来
	垫		如果电流通过触电者流入大地，并且触电者紧握导线，可设法用干木板塞到身下，与地隔离

　　对触电人员采取的急救方法见表 1-2。其中人工呼吸和胸外心脏挤压是现场急救的基本方法。

表 1-2　触电的急救方法

项　　目	操作示范图	相关知识及要点
简单诊断		将脱离电源的触电者迅速移至通风、干燥处，将其仰卧，松开上衣和裤带
	瞳孔正常　　瞳孔放大	观察触电者的瞳孔是否放大。当处于假死状态时，人体大脑细胞严重缺氧，处于死亡边缘，瞳孔自行放大
		观察触电者有无呼吸，触摸颈动脉有无搏动
对"有心跳而呼吸停止"的触电者，应采用"口对口人工呼吸法"进行急救	清理口腔阻塞 鼻孔朝天头后仰	将触电者仰天平卧，颈部枕垫软物，头部偏向一侧，松开衣服和裤带，清除触电者口中的血块、假牙等异物。抢救者跪在病人的一边，使触电者的鼻孔朝天后仰
	贴嘴吹气胸扩张	用一只手捏紧触电者的鼻子，另一只手托在触电者颈后，将颈部上抬，深深吸一口气，用嘴紧贴触电者的嘴，大口吹气
	放开嘴鼻好换气	然后放松捏着鼻子的手，让气体从触电者肺部排出，如此反复进行，每5s吹气一次，坚持连续进行，不可间断，直到触电者苏醒为止
		口对鼻人工呼吸法

（续）

项　目	操作示范图	相关知识及要点
对"有呼吸而心跳停止"的触电者，应采用"胸外心脏挤压法"进行急救		将触电者仰卧在硬板上或地上，颈部枕垫软物使头部稍后仰，松开衣服和裤带，急救者跪跨在触电者腰部
	压区 中指对凹腔,当胸一手掌　　掌根用力向下压	急救者将右手掌根部按于触电者胸骨下1/2处，中指指尖对准其颈部凹陷的下缘，当胸一手掌，左手掌复压在右手背上
	慢慢向下　　突然放	掌根用力下压 3～4cm，然后突然放松。挤压与放松的动作要有节奏，连续进行，不可中断，直到触电者苏醒为止
对"呼吸和心跳都已停止"的触电者，应同时采用"口对口人工呼吸法"和"胸外心脏挤压法"进行急救		一人急救：两种方法应交替进行，即吹气 2～3 次，再挤压心脏 10～15 次，且速度都应快些
		两人急救：每 5s 吹气一次，每 10s 挤压一次，两人同时进行
注意事项	不能打肾上腺素等强心针；不能泼冷水	

技能训练

一、训练内容
人工呼吸法和胸外心脏挤压法的急救练习。

二、设备、工具和材料准备
模拟橡皮人1具，秒表1块。

三、操作步骤
（1）选择急救方法　根据触电者有呼吸而心脏停跳，应选择胸外心脏挤压法。

（2）实施救护　把触电者放在结实坚硬的地板或木板上，使触电者伸直仰卧，救护者两腿跨跪于触电者胸部两侧，先找到正确的压点，然后两手叠压，迅速开始施救。操作时应注意以下几点：

1）如果没有模拟橡皮人，可将学生分成两人一组，进行人工呼吸法和胸外心脏挤压法的急救练习。

2）胸外挤压时，操作频率要适当，定位须准确，压力要适当（下压 3~4cm 为宜）。

3）具体操作时间由教师确定。

四、成绩评分标准

成绩评分标准见表1-3。

表1-3　成绩评分标准

序号	主要内容	评分标准	配分	扣分	得分
1	急救方法的选用	选用急救方法不正确扣4分	40		
2	急救方法的使用	（1）急救方法不熟练扣2分 （2）急救方法不正确扣4分	60		

项目 1.2　电子焊接基本操作

项目目的

1）掌握电子焊接工具的使用方法。

2）熟练进行各种电子元器件的焊接。

项目内容

安全用电与文明生产常识。

相关知识点析

1. 焊接工具的使用

（1）电烙铁的种类和构造　常用的电烙铁有外热式、内热式、恒温式和吸锡式几种，它们都是利用电流的热效应进行焊接工作的。

1）外热式电烙铁。如图 1-1 所示，它是由烙铁头、烙铁芯、外壳、木柄、电源引线、插头等部分组成。烙铁头安装在烙铁芯里面，所以称为外热式电烙铁。

烙铁芯是电烙铁的关键部件，它是将电热丝平行地绕制在一根空心瓷管上，中间用云母片绝缘，并引出两根导线与 220V 交流电源连接。

常用的外热式电烙铁规格有 25W、45W、75W 和 100W 等。

烙铁芯的阻值不同，其功率也不相同。25W 的阻值为 2kΩ。因此，可以用万用表欧姆挡初步判断电烙铁的好坏及功率大小。

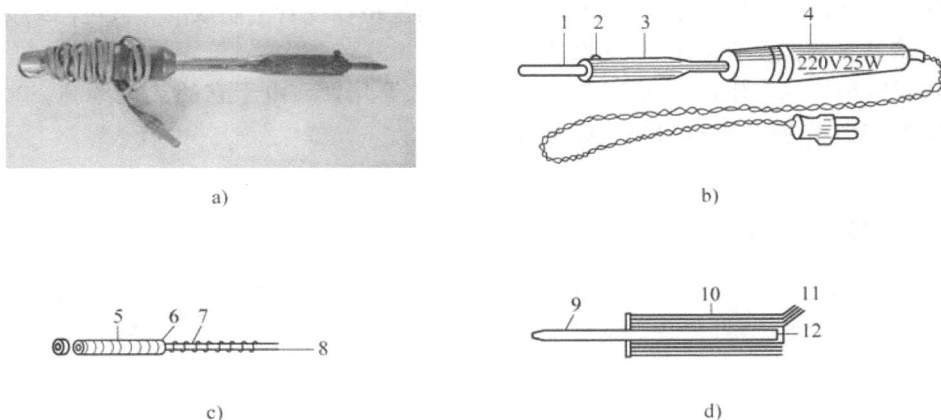

图 1-1　外热式电烙铁及烙铁芯的结构

a）电烙铁外形　b）电烙铁结构　c）烙铁芯　d）电烙铁芯结构

1—烙铁头　2—烙铁头固定螺钉　3—外壳　4—木柄　5—铁丝　6—云母片

7—瓷管　8—引线　9—烙铁头　10—电热丝　11—云母片　12—烙铁芯骨架

烙铁头是用纯铜制成的，作用是储存热量和传导热量。烙铁的温度与烙铁头的体积、形状、长短等都有一定的关系。

当烙铁头的体积比较大时，则保持温度的时间就长些。另外，为适应不同焊接物的要求，烙铁头的形状有所不同，常见的有锥形、凿形、圆斜面形等等，具体的形状如图1-2所示。

图 1-2　烙铁头的形状

2）内热式电烙铁。这种电烙铁具有升温快、质量轻、耗电省、体积小、热效率高的特点，应用非常普遍。

如图 1-3 所示，它是由手柄、连接杆、弹簧夹、烙铁芯、烙铁头组成。由于烙铁芯安装在烙铁头里面，因而发热快，热利用率高，故称为内热式电烙铁。

内热式电烙铁头的后端是空心的，用于套装在连接杆上，用弹簧夹固定。当需要更换烙铁头时，必须先将弹簧夹退出，同时用钳子夹住烙铁头的前端，慢慢地拔出，切记不能用力过猛，以免损坏连接杆。

内热式电烙铁的烙铁芯是用比较细的镍铬电阻丝绕在瓷管上制成的，其电阻约为 2.5kΩ（20W），烙铁头的温度一般可达 350℃ 左右。

内热式电烙铁的常用规格有 20W、25W、50W 等几种。由于它的热效率高，20W 内热式电烙铁就相当于 40W 左右的外热式电烙铁。

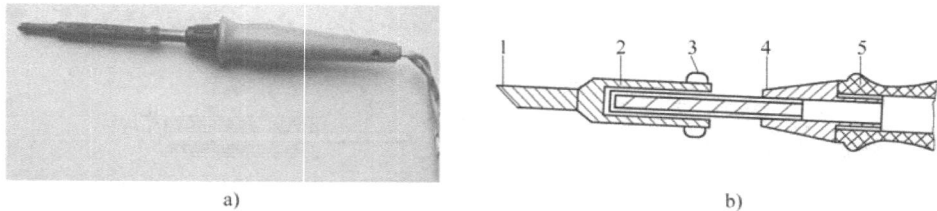

图 1-3　内热式电烙铁

a）外形　　b）结构

1—铜头　2—烙铁芯　3—弹簧夹　4—连接杆　5—手柄

另外，电烙铁还有吸锡和恒温等形式。吸锡电烙铁是将活塞式吸锡器与电烙铁融为一体的拆焊工具。它具有使用方便、灵活、适用范围宽等特点，但不足之处是每次只能对一个焊点进行拆焊。恒温电烙铁是在恒温电烙铁的电烙铁头内，装有带磁铁式的温度控制器，通过控制通电时间而实现温控。恒温电烙铁和吸锡电烙铁如图1-4和图1-5所示。

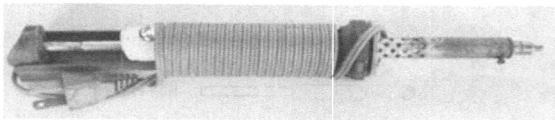

图 1-4　恒温电烙铁

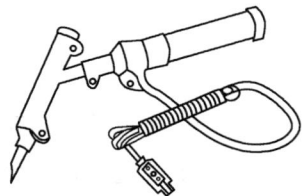

图 1-5　吸锡电烙铁

（2）电烙铁的选择及使用

1）选择电烙铁时，应考虑以下几点：

① 焊接集成电路、晶体管及其他受热易损元器件时，应选择 20W 内热式或 25W 外热式电烙铁。

② 焊接导线及同轴电缆时，应选择 45～75W 外热式电烙铁或 50W 内热式电烙铁。

③ 焊接圈套的元器件时，如大电解电容器的引脚、金属底盘接地焊片等，应选择 100W 以上的电烙铁。

2）电烙铁的使用

① 电烙铁的握法。电烙铁的握法有三种，如图 1-6 所示。

其中，反握法就是用 5 个手指把电烙铁的手柄握在掌内。这种方法适用于大功率电烙

铁，焊接散热量较大的被焊件。正握法也适用于
功率较大的电烙铁，但多为弯形烙铁头。握笔法
适用于小功率的电烙铁。

② 使用前应进行检查。用万用表检查电源线
有无短路、断路；电烙铁是否漏电；电源线的装
接是否牢固；螺钉是否松动；在手柄上电源线是
否被顶紧；电源线套管有无破损。

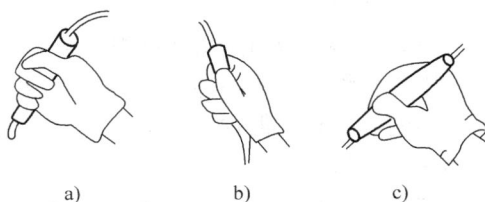

图 1-6　电烙铁的握法
a）反握法　b）正握法　c）握笔法

③ 新烙铁在使用前必须进行处理。首先将烙
铁头锉成具体的形状，然后接上电源，当烙铁头温度升至熔化锡时，将松香涂在烙铁头上，
再涂上一层锡焊，直至烙铁头的刃面部挂上一层锡，便可使用。

④ 电烙铁不使用时，不要长期通电，以防损坏电烙铁。

⑤ 电烙铁在焊接时，最好使用松香焊剂，以保护烙铁头不被腐蚀。电烙铁应放在烙铁
架上，轻拿轻放，不要将烙铁上的焊锡乱甩。

2. 其他常用工具

（1）尖嘴钳　尖嘴钳的头部较细，适用于夹小型金属零件或弯曲元器件的引线，不宜用
于敲打物体或夹持螺母。

（2）平嘴钳　平嘴钳的钳口平直，可用于夹弯元器件引脚与导线。因钳口无纹路，所以
用它对导线拉直、整形比尖嘴钳适用。但因钳口较薄，不宜夹持螺母或需施力较大部位。

（3）斜口钳　用于剪焊后的线头，也可与尖嘴钳合用，剥除导线的绝缘层。

（4）镊子　分为尖嘴镊子和圆嘴镊子两种。尖嘴镊子用于夹持较细的导线，以便于装配
和焊接。圆嘴镊子用于弯曲元器件引线和夹持与焊接元器件等，并有利于散热。另外，剥线
钳、平头钳、钢板尺、卷尺、扳手、小刀、螺钉旋具、锥子等也是经常用到的工具，如图
1-7所示。

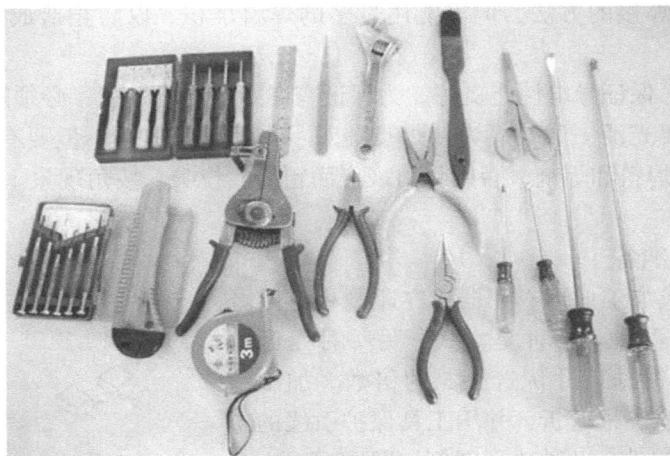

图 1-7　其他焊接用工具

3. 焊料与焊剂

（1）焊料　焊料是指在钎焊中起连接作用的金属材料，它的熔点比被焊物的熔点低，而且易于与被焊物连为一体。焊料按组成成分划分，有锡铅焊料、银焊料、铜焊料；按使用的环境温度分，有高温焊料和低温焊料。熔点在450℃以上的称为硬焊料；熔点在450℃以下的称为软焊料。

在电子产品装配中，一般都选用锡铅系列焊料。其形状有圆片、带状、球状、焊丝等几种。常用的是焊锡丝，在其内部夹有固体焊剂松香。焊锡丝的直径有4mm、3mm、2mm、1.5mm等规格，如图1-8所示。焊锡在180℃时便可熔化，使用25W外热式或20W内热式电烙铁便可进行焊接。它具有一定的机械强度，导电性能、抗腐蚀性能良好，对元器件引线和其他导线的附着力强，不易脱落。因此，在焊接技术中得到了极其广泛的应用。

图 1-8　焊丝和焊剂

（2）焊剂　在进行焊接时，为能使被焊物与焊料焊接牢靠，就必须去除焊件表面的氧化物和杂质。去除杂质通常有机械方法和化学方法，机械方法是用砂纸和刀子将氧化层去掉；化学方法则是借助于焊剂清除。焊剂同时也能防止焊件在加热过程中被氧化以及把热量从烙铁头快速地传递到被焊物上，使预热的速度加快。

松香酒精焊剂是用无水乙醇溶解纯松香配制成25%～30%的乙醇溶液，其优点是没有腐蚀性，具有高绝缘性能和长期的稳定性及耐湿性。焊接后清洗容易，并形成覆盖焊点膜层，使焊点不被氧化腐蚀。因此，电子线路中的焊接通常都采用松香、松香酒精焊剂。

4. 焊接工艺

（1）焊接基本要求　焊接的质量直接影响整机产品的可靠性与质量。因此，在锡焊时，必须做到以下几点：

1）焊点的机械强度要满足需要。为了保证足够的机械强度，一般采用把被焊元器件的引线端子打弯后再焊接的方法，但不能用过多的焊料堆积，以防止造成虚焊或焊点之间短路。

2）焊接可靠，保证导电性能良好。为保证有良好的导电性能，必须防止虚焊。

3）焊点表面要光滑、清洁。为使焊点美观、光滑、整齐，不但要有熟练的焊接技能，而且要选择合适的焊料和焊剂，否则将出现表面粗糙、拉尖、棱角现象。其次，电烙铁的温度也要保持适当。

（2）焊接前的准备

1）元器件引线加工成形。元器件在印制板上的排列和安装方式有两种：一种是立式；另一种是卧式。引线的跨距应根据尺寸优选2.5的倍数。加工时，注意不要将引线齐根弯折，并用工具保护引线的根部，以免损坏元器件。几种成形图例如图1-9所示。

2）搪锡（镀锡）。时间一长，元器件引线表面会产生一层氧化膜，影响焊接。所以，除少数有银、金镀层的引线外，大部分元器件的引脚在焊接前必须先

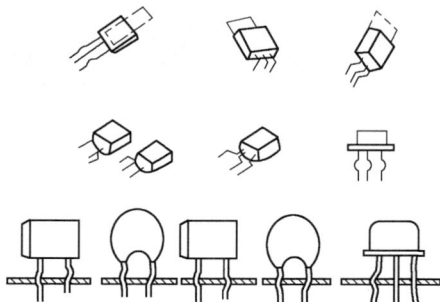

图 1-9　元器件成形图例

进行搪锡处理。

（3）焊接　焊接具体操作法如图1-10所示。对于小热容量焊件而言，整个焊接过程不超过2~4s。

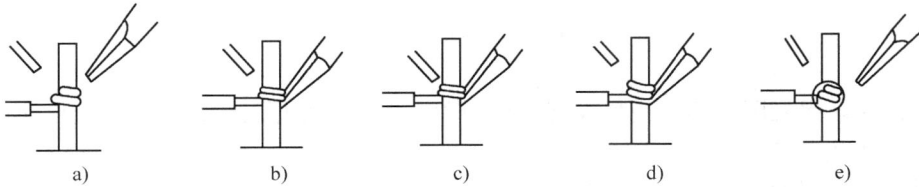

图 1-10　焊接五步操作法

a）准备　b）加热　c）送丝　d）去丝　e）移动电烙铁

（4）焊接操作手法

1）采用正确的加热方法。根据焊件形状选用不同的烙铁头，尽量要让烙铁头与焊件形成面接触而不是点接触或线接触，这样能大大提高效率。不要用烙铁头对焊件加力，这样容易加速烙铁头的损耗和造成元器件损坏。正确的加热方法如图1-11b所示。

2）加热要靠焊锡桥。所谓焊锡桥，就是靠电烙铁上保留的少量焊锡作为加热时烙铁头与焊件之间传热的桥梁，但作为焊锡桥的锡保留量不可过多。

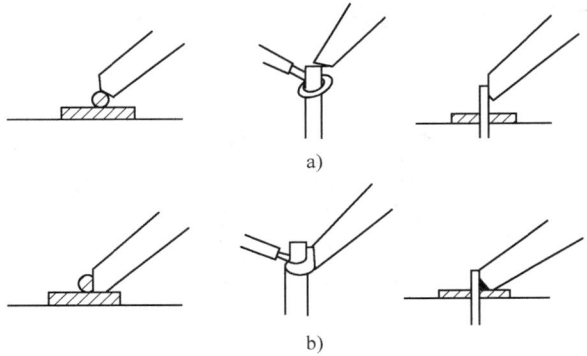

图 1-11　加热方法

a）不正确　b）正确

3）撤离电烙铁的方式要正确。电烙铁撤离要及时，而且撤离角度和方向对焊点的成形有一定影响，如图1-12所示。

4）焊锡量要合适。焊锡量过多容易造成焊点上焊锡堆积并容易造成短路，且浪费材料；焊锡量过少，容易焊接不牢，使焊件脱落；合适的焊锡量如图1-13所示。

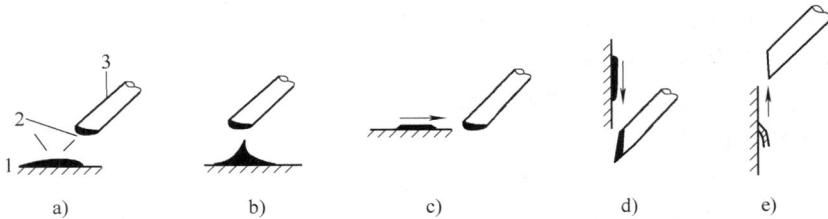

图 1-12　电烙铁撤离方向和锡焊瘤

a）电烙铁轴向45°撤离　b）向上撤离拉尖　c）水平方向撤离

d）垂直向下撤离、烙铁头吸除焊锡　e）垂直向上撤离，烙铁头上不挂锡

1—工件　2—焊锡　3—烙铁头

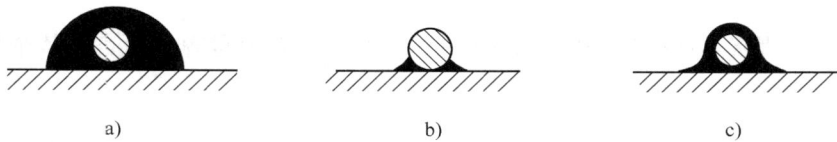

图 1-13　焊锡量的掌握

另外，在焊锡凝固前不要使焊件移动或振动，也不要使用过量的焊剂或用已热的烙铁头作为焊料的运载工具。

5. 导线焊接技术

导线与接线端子、导线与导线之间的焊接有三种基本形式：绕焊、钩焊和搭焊。

（1）导线同接线端子的焊接

1）绕焊。把经过镀锡的导线端头在接线端子上缠一圈，用钳子拉紧缠牢后进行焊接，如图1-14b所示。这种焊接可靠性最好。

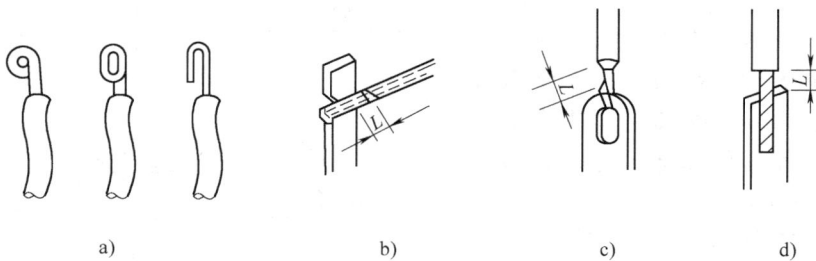

图 1-14　导线与端子的焊接

a）导线弯曲形状　b）绕焊　c）钩焊　d）搭焊

注：$L = 1 \sim 3\text{mm}$。

2）钩焊。将导线端子弯成钩形，钩在接线端子上并用钳子夹紧后焊接，如图1-14c所示。这种焊接操作简便，但强度低于绕焊。

3）搭焊。把镀锡的导线端搭到接线端子上施焊，如图1-14d所示。这种焊接最简便但强度可靠性最差，仅用于临时连接等。

（2）导线与导线的焊接　导线之间的焊接以绕焊为主，操作步骤如下：

1）去掉一定长度的绝缘外层。

2）端头上锡，并套上合适的绝缘套管。

3）绞合导线，施焊。

4）趁热套上套管，冷却后套管固定在接头处。

此外，对调试或维修中的临时线，也可采用搭焊。导线与导线的焊接如图1-15所示。

6. 集成电路焊接技术

由于集成电路内部集成度高，焊接温度不能超过200℃。因此，对集成电路进行焊接时，应注意以下几点：

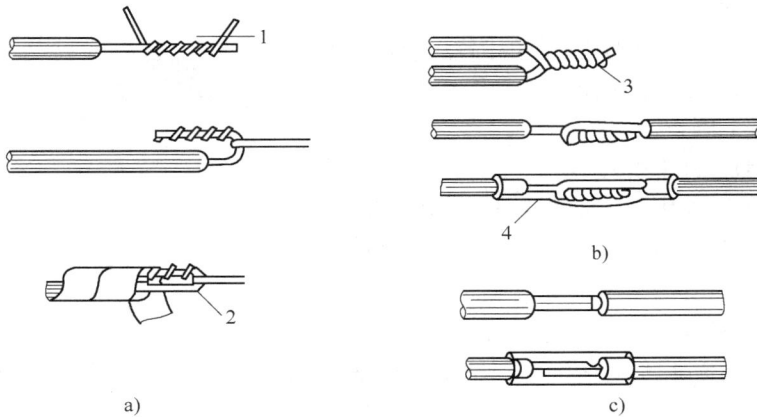

图 1-15　导线与导线的焊接

a）细导线绕到粗导线上　b）绕上同样粗细的导线　c）导线搭焊

1—剪去多余部分　2—绝缘前焊接　3—扭转并焊接　4—热缩套管

1）集成电路引线一般是经镀银处理的，不需要用刀刮，只需用酒精擦洗或用橡皮擦干净即可。

2）如果引线有短路环，焊接前不要拿掉。

3）最好使用 20W 内热式电烙铁，并要有可靠的接地措施，或者利用余热进行焊接。

4）焊接时间不易过长，每个焊点最好用 2s 的时间进行焊接，连续焊接时间不超过 10s。

5）使用低熔点焊剂，一般不要超过 150℃。

6）工作台面上如果铺有橡胶、塑料等易于积累静电的材料，电路芯片及印制板不宜放在上面。

7）集成电路的引脚必须和电路板插孔一一对应，安全正确的焊接顺序为：地端→输出端→电源端→输入端，且要防止焊点之间短路。焊接完毕，用棉纱蘸适量酒精擦净焊接处残留的焊剂。

技能训练

一、训练内容

电烙铁焊接基本训练。

二、设备、工具和材料准备

设备、工具和材料准备见表1-4。

表 1-4　所用材料和工具

序号	材　料	工　具
1	含有 50 个空心铆钉的板子两块	电烙铁：20W，1 把
2	含有 100 个孔的印制电路板一块	尖嘴钳：150mm，1 把
3	2.5mm^2 单股及多股铜导线若干	斜口钳：150mm，1 把
4	各种焊接片、绝缘套管若干	镊子：1 只

三、操作步骤

1）在空心铆钉板的铆钉上焊接圆点（50 个铆钉），先清除空心铆钉表面氧化层，然后在空心铆钉板各铆钉上焊上圆点。

2）在空心铆钉板上焊接铜丝（50 个铆钉），先清除空心铆钉表面氧化层，清除铜丝表面氧化层，然后镀锡，并在空心铆钉上焊接（直插、弯插），如图1-16所示。

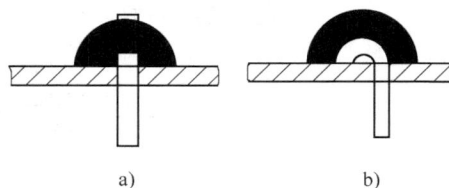

图 1-16　直插、弯插焊接示意图
a）直角插焊　b）弯角插焊

3）在印制电路板上焊接铜丝（100 个孔），在保持印制电路板表面干净的情况下，清除铜丝表面氧化层，然后镀锡并在印制电路板上焊接。

4）如图 1-15 所示，用若干单股短导线，剥去导线端子绝缘层，练习导线与导线的焊接。

5）如图 1-14 所示，用单股及多股导线和焊接片练习导线与端子之间的绕焊、钩焊与搭焊。

6）注意事项：

① 焊点要圆润、光滑，焊锡适中，没有虚焊。

② 剥导线绝缘层时，不要损伤铜芯。导线连接方法要正确、牢靠。

四、成绩评分标准

成绩评分标准见表 1-5。

表 1-5　成绩评分标准

序号	项 目 内 容	评 分 标 准	配分	扣分	得分
1	铆钉板上焊接圆点	虚焊、焊点毛糙，每点扣 1 分	10 分		
2	铆钉板上焊接铜丝	虚焊、焊点毛糙，每点扣 1 分	10 分		
3	印制板上焊接铜丝	虚焊、焊点毛糙，每点扣 1 分	20 分		
4	导线与导线的焊接	虚焊、焊点毛糙，每点扣 1 分　导线连接不正确，每处扣 3 分	25 分		
5	导线和焊接片的焊接	虚焊、焊点毛糙，每点扣 3 分	25 分		
6	安全、文明生产	每一项不合格扣 5～10 分	10 分		
7	时间	120min			

项目1.3　万用表的使用和维护

项目目的

掌握万用表的使用和维护方法。

项目内容

万用表的使用和维护。

相关知识点析

一、万用表的结构

万用表主要由测量机构、测量电路、转换开关三部分组成。测量机构的作用是把过渡电量转换为仪表指针的机械偏转角。测量机构通常采用磁电系直流微安表，满偏电流为几微安到几百微安。满偏电流越小的测量机构灵敏度越高，万用表的灵敏度一般用电压灵敏度来表示。测量电路的作用是把各种不同的被测电量（如电流、电压、电阻等）转换为磁电系测量机构所能接受的微小直流电流（即过渡电量）。转换开关的作用是把测量电路转换为所需要的测量种类和量程，一般采用多层多刀多掷开关。图1-17所示为万用表的外形。

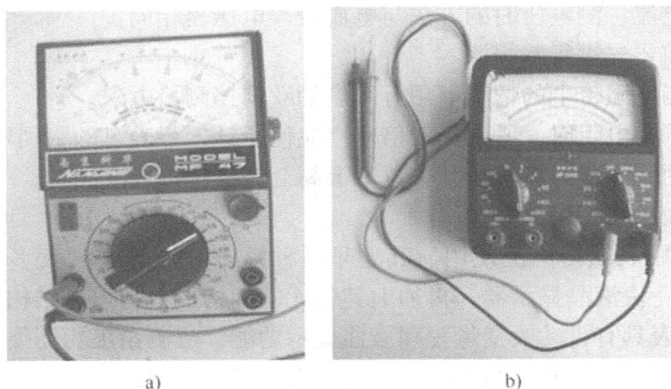

图 1-17 万用表的外形

a）MF47 型万用表 b）500 型万用表

万用表的基本工作原理主要是建立在欧姆定律和电阻串并联规律的基础之上。

二、万用表的正确使用步骤

1. 正确使用步骤

（1）使用前要调零 为了减小测量误差，在使用万用表前应先进行机械调零。在测量电阻之前，还要进行欧姆调零。

（2）要正确接线 万用表面板上的插孔和接线柱都有极性标记。使用时将红表笔与"＋"极性孔相连，黑表笔与"－"极性孔相连。测量直流量时，要注意正、负极性不得接反，以免指针反转。测量电流时，仪表应串联在被测电路中；测量电压时，仪表要并联在被测电路两端。在用万用表测量晶体管时，应牢记万用表的红表笔与内部电池的负极相接，黑表笔与内部电池的正极相接。

（3）要正确选择测量挡位 测量挡位包括测量对象和量程。如测量电压时应将转换开关放在相应的电压挡，测量电流时应放在相应的电流挡等。如误用电流挡去测量电压，会造成仪表损坏。选择电流或电压量程时，应使指针处在标度尺 2/3 以上的位置；选择电阻量程时，最好使指针处在标度尺的中间位置。这样做的目的是为了尽量减小测量误差。测量时，当不能确定被测电流、电压的数值范围，应先将转换开关转至对应的最大量程，然后根据指针的偏转程度逐步减小至合适量程。

特别强调的是，严禁在被测电阻带电的情况下用欧姆挡去测量电阻；否则，外加电压极易造成万用表的损坏。

（4）读数要正确　万用表的表盘上有多条标度尺，分别用于不同的测量对象。因此，测量时要在对应的标度尺上读数，同时应注意标度尺读数和量程的配合，避免出错。

2. 注意事项

（1）安全注意事项　在进行高电压测量或测量点附近有高电压时，一定要注意人身和仪表的安全。在做高电压及大电流测量时，严禁带电切换量程开关，否则有可能损坏转换开关。另外，万用表用完之后，最好将转换开关置于空挡或交流电压最高挡，以防下次测量时由于疏忽而损坏万用表。

（2）使用注意事项

1）万用表测电流、测电压时的方法与电流表、电压表相同。

2）测量电阻前要先进行欧姆调零。

3）严禁在被测电阻带电的情况下用万用表的欧姆挡测量电阻。

4）用万用表测量电阻时，所选择的倍率挡应使指针处于表盘的中间段。

5）万用表使用后，最好将转换开关置于最高交流电压挡或空挡。

三、数字万用表的使用

目前，数字万用表获得广泛使用。其型号品种繁多，内部电路大多是采用一块 CMOS 大规模集成电路和一块液晶显示器，再加上其他元器件构成，特点是结构紧凑、轻巧、功耗低。有些数字万用表具有自动改变量程和极性显示功能，故测量极为简便。由于其输入阻抗较高和数字直接显示，因此测量精度高。有的还有超量程报警装置，使用时安全可靠。

1. 基本结构

图 1-18 所示为袖珍式数字万用表的结构框图。它由功能选择、R/V 转换、V/V 转换、I/V 转换、量程选择、A/D 转换、显示逻辑及显示器组成。与模拟万用表相比，数字万用表有两个要点：第一，测量的基本量是直流电压，而不是直流电流；第二，它用 A/D 转换、显示逻辑及显示器组成单一量程的数字电压代替了模拟万用表中简单的磁电系表头。

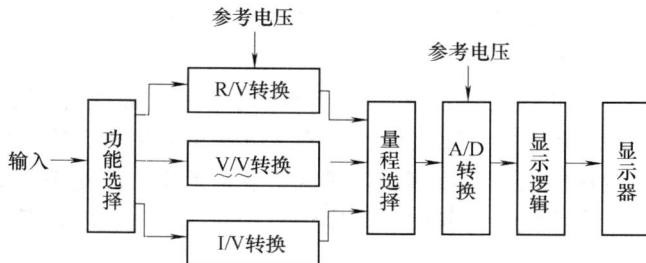

图 1-18　袖珍式数字万用表的结构框图

2. 使用方法

数字万用表的外形如图 1-19 所示。其使用方法与普通万用表相似。使用前要进行调零。

1）测量电阻的方法如图 1-20 所示。

2）测量直流电压的方法如图 1-21 所示。

3）测量交流电压的方法如图 1-22 所示。

4）测量二极管的方法如图 1-23 所示。

图 1-19　数字万用表的外形

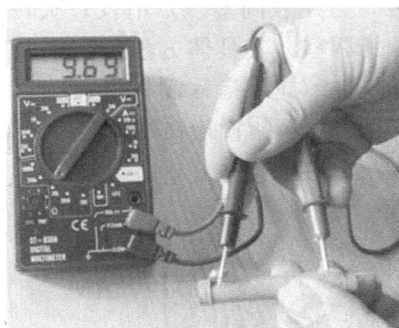

图 1-20　测量电阻

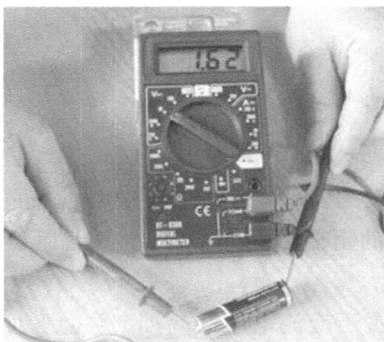

图 1-21　测量直流电压

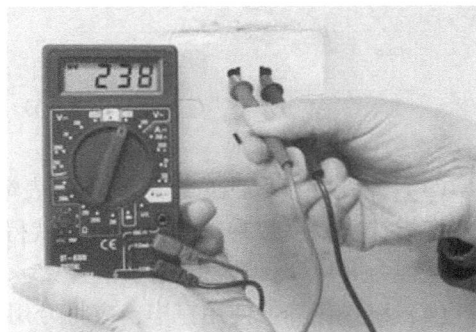

图 1-22　测量交流电压

此外，DT860B 型数字万用表既可测量交直流电压、交直流电流和电阻，还可以测量半导体二极管的管降压、晶体管的参数 h_{fe} 以及对电路通断情况进行判别和测试。

技能训练

一、训练内容

用万用表测量电阻。

二、设备、工具和材料准备

万用表（500 型或自定）1 块；电阻（24Ω、0.5W；240Ω、0.5W；24kΩ、0.5W；240kΩ、0.5W；）各 2 只；

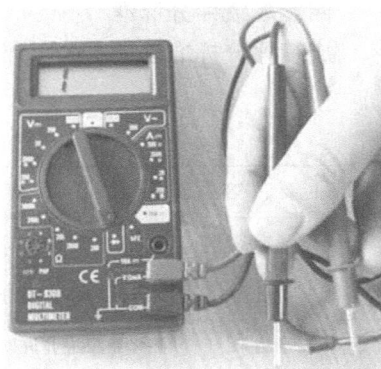

图 1-23　测量二极管

电子通用工具 1 套等。

三、操作步骤

（1）估测被测电阻值　测量前，首先应估测被测电阻大小，具体方法是：将万用表置于欧姆挡任意挡位，将两表笔短路，观察指针是否指在零位。然后将两表笔与被测电阻两端紧密接触，根据指针所指位置选择合适量程。这里，合适量程是使指针处于欧姆刻度的中心位置附近，如图1-24所示。

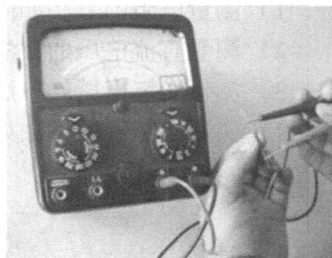

图 1-24　估测被测电阻值

（2）万用表调零　万用表每次转换量程以后，都应首先进行欧姆调零，其具体方法是：将两表笔短路，观察指针是否指在零位。如果指针没有指在欧姆零位，可以左右调整欧姆调零器，直至指针指在欧姆零位，如图1-25所示。

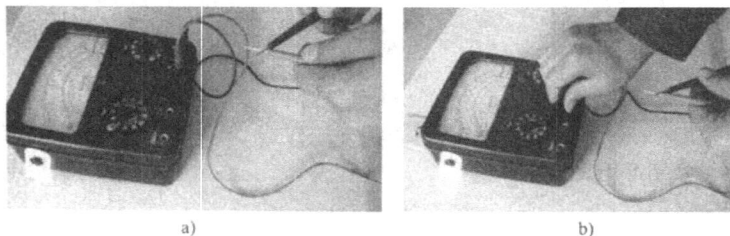

a)　　　　　　　　　　　　　　　　b)

图 1-25　万用表调零

a）对零位　b）调零

（3）测量并读取测量结果　将两表笔与电阻两端接触，使指针指向中心位置附近。此时，将指针所指读数乘以欧姆量程，就得出被测电阻的阻值。例如，若此时指针读数为25，欧姆量程为×1kΩ，则被测电阻值为 $25 \times 1k\Omega = 25k\Omega$。

（4）维护保养　使用完毕，应将万用表转换开关置于交流电压最高挡。注意：使用中如果反复调整欧姆调零器，指针仍然没有指在欧姆零位，就应该检查表内电池的电压是否低于 1.2V。

四、成绩评分标准

成绩评分标准见表1-6。

表 1-6　成绩评分标准

序号	主要内容	考核要求	评分标准	配分	扣分	得分
1	测量准备	测量准备工作准确到位	万用表测量挡位选择不正确扣20分	20		
2	测量过程	测量过程准确无误	测量过程中，操作步骤每错1处扣10分	40		
3	测量结果	测量结果在允许误差范围之内	测量结果有较大误差或错误扣30分	30		
4	维护保养	对使用的仪器仪表进行简单的维护保养	维护保养有误扣10分	10		

项目 1.4　示波器的使用

项 目 目 的

1）熟悉双踪示波器的工作原理。

2）掌握双踪示波器的使用方法。

项 目 内 容

双踪示波器的使用。

相 关 知 识 点 析

一、双踪示波器的使用方法

双踪示波器的外形如图 1-26 所示。

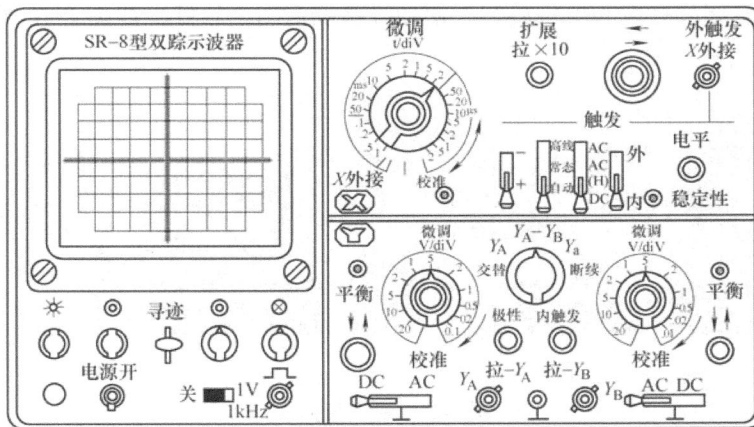

a)

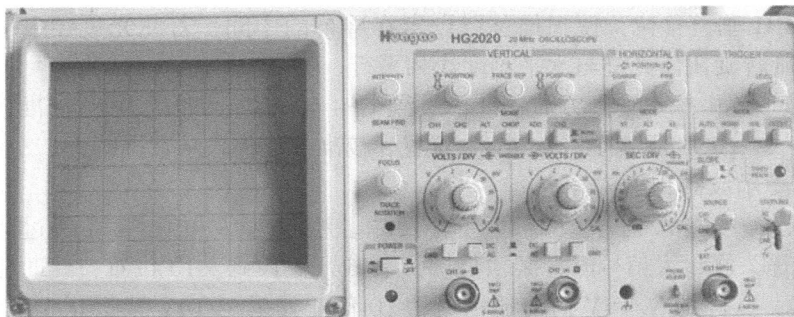

b)

图 1-26　双踪示波器的外形

a）SR-8 型双踪示波器　b）HG2020 型双踪示波器

使用双踪示波器测量波形时的具体步骤如下：

1. 测试前的准备

1）将电源插头插入电源插座之前，按表 1-7 设置仪器的开关及控制旋钮。

表 1-7　各开关及旋钮的位置设置

开关名称	位置设置	开关名称	位置设置
电源开关	断开	触发源	CH1
辉度	相当于时钟"3"点位置	耦合选择	AC
Y 轴工作方式	CH1	电平	锁定（逆时针旋到底）
垂直位移	中间位置，推进去	释抑	常态（逆时针旋到底）
V/DIV	10mV/DIV	T/DIV	0.5ms/DIV
垂直微调	校准（顺时针旋到底），推入	水平微调	校准（顺时针旋到底），推入
AC—⊥—DC	接地⊥	水平位移	中间位置

2）打开电源调节亮度和聚焦旋钮，使扫描基线清晰度较好，如图 1-27 所示。

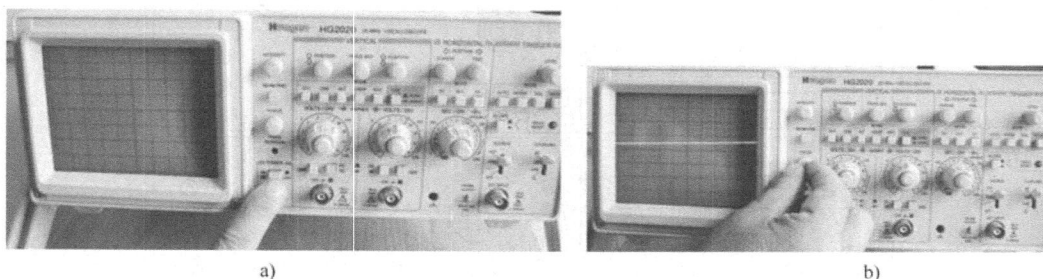

a)　　　　　　　　　　　　b)

图 1-27　显示扫描线

3）一般情况下，将垂直微调和扫描微调旋钮处于"校准"位置，以便读取 V/DIV 和 T/DIV 的数值。

4）调节 CH1 垂直移位，使扫描基线设定在屏幕的中间，若此光迹在水平方向略微倾斜，调节光迹旋转旋钮使光迹与水平刻度线相平行。

5）校准波形：由探头输入方波校准信号到 CH1 输入端，将 $0.5V_{P-P}$ 校准信号加到探头上。将"AC—⊥—DC"开关置于"AC"位置，校准波形将显示在屏幕上。

2. 使用双踪示波器测量信号

1）将被测信号输入到示波器通道输入端。注意输入电压不可超过 400V（DC + AC_{P-P}）。使用探头测量大信号时，必须将探头衰减开关拨到 ×10 位置，此时输入信号减小到原值的 1/10，实际的 V/DIV 值为显示值的 10 倍。如果 V/DIV 置于 0.5V/DIV，那么实际值应等于 0.5V/DIV × 10 = 5V。测量低频小信号时，可将探头衰减开关拨到 ×1 位置。

如果要测量波形的快速上升时间或高频信号，必须将探头的接地线接在被测量点附近，减小波形的失真。

2）按照被测信号参数的测量方法不同，选择各旋钮的位置，使信号正常显示在荧光屏上，记录测量的读数或波形。测量时必须注意将 Y 轴增益微调和 X 轴增益微调旋钮旋至"校准"位置。因为只有在"校准"时才可按照开关"V/DIV"及"T/DIV"指示值计算所得测量结果。同时还应注意，面板上标定的垂直偏转因数"V/DIV"中的"V"是指峰—峰值，如图1-28所示。

3）根据记下的读数进行分析、运算、处理，得到测量结果。

3. 双踪示波器使用时的注意事项

1）使用前必须检查电网电压是否与示波器要求的电源电压相一致。

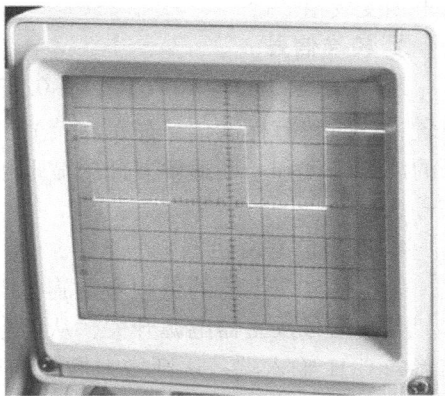

图1-28　记录测量的读数或波形

2）通电预热 15min 后方可调整各旋钮。注意亮度不可开得过大，亮点不能长时间停留在同一个位置上，以免缩短示波管的使用寿命。仪器暂时不用时可将亮度调小，不必切断电源。

3）通常信号引入线都需使用屏蔽电缆。示波器探头有的带有衰减器，读数时需要加以注意。同时各种型号示波器的探头要专用。

技能训练

一、训练内容

用双踪示波器测量由脉冲信号发生器发出的矩形波的周期。

二、设备、工具和材料准备

双踪示波器（XC4320 型或自定）1 台，配备专用探头；信号源 1 台（J2464 型）1 台；单相交流电源（220V）1 处。电子通用工具 1 套等。

三、操作步骤

1. 测量前准备

在仪器的电源线插入插座前，应先将仪器各开关及控制旋钮置于相应位置，即将电源开关置于断开位置；辉度旋钮置于相当于时钟"3 点"位置；Y 方式置于 CH1 位置；垂直位移置于中间位置，并且推进去；衰减开关旋钮置于 10mA/格挡；微调旋钮置于校准位置，并且推进去；放大器的输入端置于接地位置；触发源置于 CH1 位置；输入耦合开关置于交流位置；电平旋钮逆时针旋到底；扫描时间因数选择开关置于每格 0.5ms 挡；扫描微调于校准位置，即顺时针旋到底，推入；水平位移置于中间位置。

待上述准备工作完成后，才能接通示波器电源。

2. 测量过程

接通电源后，应确认电源指示灯亮。若指示灯不亮，应检查示波器的熔断器是否正常。

经 20s 后，示波器屏幕上将出现一条水平扫描线。若经 60s 仍没有扫描线出现，应重新检查各开关及控制旋钮设定的位置是否正确。

调节辉度和聚焦旋钮，使扫描线亮度适当，并且最清晰。调节 CH1 的位移旋钮，使扫描线与水平刻度线平行。若扫描线在水平方向略有倾斜，调节"光迹旋转"旋钮使扫描线与水平刻度线相平行。

3. 校准信号

连接探极到 CH1 输入端，将 $0.5V_{P-P}$ 标准信号加到探头上，将输入耦合开关置于交流位置，这时将有标准信号显示在荧光屏上。调节衰减开关和扫速开关到适当位置，使显示出来的波形幅度和周期适中。此时波形幅度为 5 格，将衰减开关置于 0.1 位置，正好等于标准信号 $0.5V_{P-P}$。

4. 连接信号发生器

先将信号发生器的低频增益旋钮向左旋至最小，低频选择开关置于方波 1.0kHz 位置。

打开信号发生器电源开关，从信号发生器的低频输出与接地之间引出被测信号到双踪示波器的 CH1 输入端。逐渐增大低频输出增益，使示波器荧光屏上显示稳定的矩形波。然后调节示波器衰减开关和扫速开关到适当位置，使显示出来的波形幅度和周期适中。

分别调节垂直位移和水平位移旋钮，使波形中需测量周期的两点位于屏幕中央水平刻度线上。

注意：测量时必须将 Y 轴增益微调和 X 轴增益微调旋钮旋至"校准"位置。

5. 计算测量结果

根据显示波形的宽度，测量两点之间的水平刻度，然后计算出脉冲周期，即

$$周期 = \frac{两点间水平距离 \times 扫描时间因数}{水平扩展倍数}$$

测量完成后，关掉信号发生器的电源开关，再关掉示波器的电源开关，去掉两者之间的连接线，拔掉所有的电源插头。

四、成绩评分标准

成绩评分标准见表 1-8。

表 1-8　成绩评分标准

序号	主要内容	考核要求	评分标准	配分	扣分	得分
1	测量准备	选择仪表正确，接线无误	选择仪表不正确扣 20 分；接线错误扣 30 分	50		
2	测量过程	测量过程准确无误	测量过程中，操作步骤每错一次扣 10 分	20		
3	测量结果	测量结果在允许误差范围之内	测量结果有较大误差或错误扣 20 分	20		
4	维护保养	对使用的仪表进行简单的维护保养	维护保养有误扣 10 分	10		

项目 1.5　晶体管毫伏表和低频信号发生器的使用

项目目的

1）熟悉晶体管毫伏表的工作原理。

2）掌握晶体管毫伏表的使用方法。

项目内容

晶体管毫伏表的使用。

相关知识点析

一、DA—16 型晶体管毫伏表的使用

DA—16 型毫伏表采用放大——检波的形式，具有较高的灵敏度和稳定度。将检波环节置于最后，使强信号检波时产生良好的指示线型。DA—16 型毫伏表的频带较宽，可以达到 20Hz ~ 1MHz。采用二极分压，其测量电压范围广，可以在 100 ~ 300μV 之间。它广泛的运用交流毫伏级电压的测量，此表的指示为正弦波有效值。

1. 仪表面板结构

DA—16 型晶体管毫伏表的面板如图 1-29 所示。

2. 使用方法及注意事项

1）使用前应检查电表指针是否在零位，如不在零位应进行机械调零，如图1-30所示。

图 1-29　DA—16 型晶体管毫伏表的面板

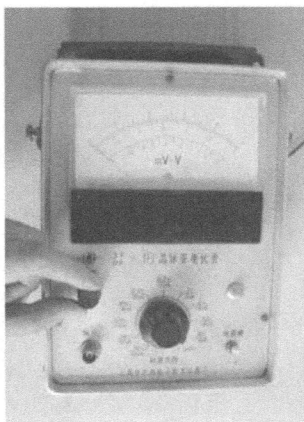

图 1-30　DA—16 型晶体管毫伏表的机械调零

2）毫伏表通电调零时，应先将表的输入夹子短接。接通电源，待摇摆数次至稳定后，校正调零旋钮，使指针在零位置，接下来可进行测量。

3）测量时应将毫伏表置于适当的挡位，以免过载太大而烧坏仪器内部的晶体管，如图1-31所示。

4）被测电压为非正弦波或正弦波形有失真情况时，读数有一定误差。

5）测量完毕后，应将"测量范围"开关放到最大量程，然后关掉

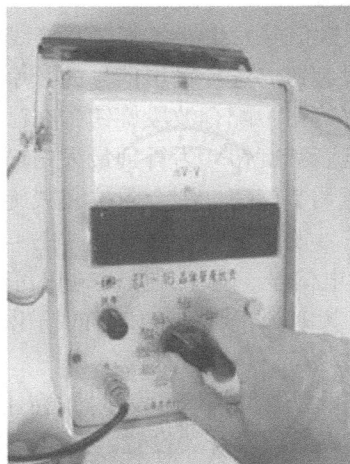

图 1-31　选择合适的量程

电源。

6）所测交流电压中的直流分量不得大于 300V。

7）用该毫伏表测量 220V 电压时，必须以相线接输入端，中线接地，不能反接。测量 36V 以上的电压时，注意防止机壳带电伤人。

8）由于晶体管毫伏表的灵敏度较高，使用时必须正确选择接地点，以免造成测量误差。

二、低频信号发生器的使用

低频信号发生器能根据需要输出正弦波音频电压或功率，供电气设备或电子电路调试及维修时使用。其主要由振荡器、功率放大器、输出级和直流稳压电源四部分组成。XD1 型低频信号发生器为全晶体管化仪器，可以产生 20Hz ～ 200kHz 的正弦波信号。除电压输出外，还有不小于 5W 的功率输出，可配接 8Ω、600Ω、5kΩ 三种负载。XD1 型低频信号发生器的面板如图1-32所示。

图 1-32　XD1 型低频信号发生器的面板

1. 面板设置

XD1 型低频信号发生器各旋钮及接线柱的作用如下：

（1）波段旋钮　选择输出信号的频率范围。

（2）频率旋钮　配合波段旋钮，在已选定的频率范围内连续调节输出信号的频率。

（3）阻抗衰减旋钮　为得到最大的输出功率，应使阻抗衰减旋钮置于适当的位置。

（4）电压调节旋钮　配合阻抗衰减旋钮，选择输出电压的幅度。

该低频信号发生器可连续产生 1Hz ～ 1MHz 的正弦波，可输入电压为 5V 以上、输出功率大于 4W 的电信号。对于正弦波输出可配接 50Ω、75Ω、150Ω、600Ω、5kΩ 的负载。仪器设有 5 位数字频率计，可显示仪器的输出信号频率，也可用于外测频率，作为频率计使用。

2. 使用方法

（1）频率设置　低频信号发生器输出信号的频率（正弦波与脉冲波）均由前面板上的按键开关及其上方的波段开关设置。按键开关用来选择频率范围，波段开关按十进制原则确定具体的频率值。从左至右分别为 ×1、×0.1 和 ×0.01，其中最右边一位 ×0.01 是电位器，可连续进行频率微调。

（2）衰减器　为得到不同的输入幅值，可以配合调整"幅度调节"和"输出衰减"两个旋钮。

（3）输入阻抗　从"电压输出端"看进去的输出电阻是不固定的，它随"幅度调节"与"输出衰减"两个旋钮的位置而改变，但输出阻抗都比较低。使用时，应特别注意的是，不能从被测设备端有任何信号电流倒流入仪器的输出端，以防烧毁衰减器。

从"功率输出"端看进去的输出阻抗在"输出衰减"为 0dB 时，为低阻抗，其值远小于"负载匹配"旋钮所指示的阻值。

（4）电压输出　"电压输出"的正弦最大额定电压为 5V，它有较好的失真系数和幅度稳定性，主要用于不需要功率的小信号输出场合。电压输出的正负脉冲幅度均大于 3.5V。"输出功率"是将"电压输出"信号经功率放大器放大后的输出信号，主要用于需要有一定功率输出的场合，在正弦波输出时，需要根据被测对象，通过"负载匹配"开关适当选取五种不同的匹配值，以求获得合理的输出电压、电流值。当使用中只需要电压输出时，要把"功放"按钮抬起，以防烧坏功率放大器。

（5）功率输出　当需要使用"功率输出"时，要先将"幅度调节"旋钮逆时针旋到 0位，把"功放"按钮按下，然后调节"幅度调节"旋钮至功率输出达到所需的电压值。当正弦波功率输出的负载为高阻抗时，为避免功放受电抗负载成分过大的影响，应把"内负载"按钮按下（尤其在频率较高时）。其余两个按钮是波形选择开关。当需要选择脉冲输入时，正弦与脉冲波形选择键抬起，而通过正、负脉冲按钮选择正或负脉冲输出。这时"脉宽调节"旋钮可改变输出方波的占空比。当用功率输出脉冲信号时，由于功率放大器的倒相作用，其输出脉冲于所选择脉冲的相位正好相反。

对正弦波信号而言，"功率输出"按钮有平衡或不平衡两种状态。当把接地片与"电压输出"端的接地端柱相连接时，"功率输出"为不平衡输出；不连接时为平衡输出。

（6）频率计　面板左上角的数码管显示了机内频率计的读数，该频率计既可"内测"又能"外测"。进行"内测"时，频率计显示机内振荡频率；进行"外测"时，频率计的输入信号从"频率外测"插口输入，显示的为外测频率。为适应不同测试的频率需要，可适当改变"闸门时间"开关的位置。

（7）电压表　数码管下方的表头指示的是机内电压表的读数，机内电压表只用于机内"电压输出"的正弦波测量，它显示出机内正弦振荡经"幅度调节"衰减后的正弦波信号有效值，而"输出衰减"的步进衰减对它不起作用。因此，实际"电压输出"端钮上的正弦值的大小等于机内电压表指示针加上"输出衰减"的衰减分贝值。

3. 操作及维护

1）仪器通电之前，应先检查电源的进线，再将电源线接入 220V 交流电源上。

2）开机前，应将"电压调节"旋钮旋至最小，输出信号用电缆从"电压输出"插口或"功率输出"插口引出。如需要平衡输出，可将阻抗衰减旋钮置于 600Ω 或 5kΩ 处，再将功率输出接线柱的接地片取下，输出引线接在两个红色接线柱上即可，此时，连接到低频信号发生器上的其他仪器不应有接"地"（仪器外壳）端。

3）接通电源开关，将"波段"旋钮置于所需挡位，调节"频率"旋钮至所需输出频率（由频率刻度盘上可以观察输出频率）。

4）按所需信号电压的大小及阻抗值，选择"阻抗衰减"旋钮并调节"电压调节"旋钮，电压表即可指示出衰减前的输出电压值，如图 1-33 所示。

图 1-33　选择输出电压等级

技能训练

一、训练内容

用示波器、晶体管毫伏表和数字式万用表测试低频信号发生器产生的信号并进行比较和分析。

二、设备、工具和材料准备

低频信号发生器 1 台，示波器 1 台，数字万用表 1 块，晶体管毫伏表 1 台；单相交流电源（220V）1 处；电子通用工具 1 套等。

三、操作步骤

1）按示波器使用说明书上的操作步骤将示波器调整好。

2）按低频信号发生器使用说明书，将低频信号发生器的接地端与示波器的接地端相连，将低频信号发生器的"输出电压"端接到示波器的 Y 轴输入端。接通低频信号发生器的电源开关，将示波器的"Y 轴衰减"置于 1，低频信号发生器的频率调整至 2kHz，然后缓慢调节"电压旋钮"，使其输出电压逐渐增大到适当的幅度。再调节示波器的有关旋钮，使荧光屏上出现稳定的正弦波。

3）分别用毫伏表和万用表测量波形的峰—峰值。

4）保持示波器的扫描频率不变，改变低频信号发生器输出的频率分别为 250Hz 和 10kHz，并将该信号接在示波器"Y 轴输入"和"接地"端，重复以上步骤。

5）将测量结果分别填入表 1-9 ~ 表 1-11 中。

6）测试完毕，将低频信号发生器输出调节旋至最小，关掉电源开关。最后去掉连接导线，关掉示波器电源开关，整理现场。

7）注意事项：

① 测试前要求对 Y 轴灵敏度和 X 轴扫描时间进行校准，并要求各微调应处于校准位置。

② 测量直流电压时，一定要先调出零线位置。

③ 测试过程中要防止干电池（稳压源）短路。

④ 数字式万用表的红表笔接的是表内电池的正极，与指针式万用表相反。

表 1-9　示波器测试读数

输入音频信号的要求			示波器测试时旋钮刻度和量值						晶体管毫伏表	数字式万用表
信号频率 f/Hz	信号峰—峰值	要求显示周期数	Y 轴/（V/DIV）	波形 Y轴格数	电压有效值/V	扫描时间/（t/DIV）	X 轴周期格数	信号频率/Hz		
250	4	1								
		4								
2k	0.8	1								
		5								
100k	2.8	2								
		20								

表 1-10　示波器测直流电压

Y 轴输入耦合选择开关位置	Y 轴电压灵敏度/（V/DIV）	测试时光线移动格数	直流电压值/V	万用表测试值/V

表 1-11　交直流信号叠加测试

Y 轴输入耦合开关	显示波形周期数	Y 轴灵敏度/（V/DIV）	扫描时选择/（t/DIV）	直流成分		交流成分		波形
				格数	电压/V	格数	电压（有效值）/V	

四、成绩评分标准

成绩评分标准见表 1-12。

表 1-12　成绩评分标准

序号	项目内容	评分标准	配分	扣分	得分
1	示波器基本操作	示波器基本操作不正确扣 5 分	30		
2	波形的调整	波形的调整不正确每处扣 10 分	30		
3	参数测量与分析	（1）不会测电压扣 15 分 （2）不会测频率扣 15 分 （3）参数分析不正确扣 10 分	30		
4	安全、文明生产	每一项不合格扣 5 分	10		
5	工时	6h			

项目1.6 晶体管特性图示仪的使用

项目目的

1）熟悉晶体管特性图示仪的工作原理。

2）掌握晶体管特性图示仪的使用方法。

项目内容

晶体管特性图示仪的使用。

相关知识点析

XJ4810 型晶体管特性图示仪具有用途广泛、测量简便、直接显示等优点。通过图示仪的标尺刻度可以直接测量出晶体管的各项参数，并显示有关的特性曲线。尤其是在对晶体管各项极限特性与击穿特性的观察中，由于采用了瞬时电压和瞬时电流，可以使被测晶体管不会因过载而损坏。该仪器可以通过各种控制开关的转换，任意测定 NPN 型和 PNP 型晶体管共发射极、共基极和共集电极的输入特性、输出特性、转换特性等，还可以通过阶梯作用开关的"单族"作用，测定晶体管的各种极限、过载特性。另外，它还可以测定二极管、稳压管、晶闸管、场效应晶体管、集成电路等的特性和参数，并比较两个晶体管的同类特性。

一、XJ4810 型晶体管特性图示仪的组成

它主要由示波器、集电极扫描信号、基极阶梯信号三部分组成。其中示波器部分包括水平放大器、垂直放大器和示波管。集电极扫描信号部分主要是扫描信号发生器。基极阶梯信号部分包括阶梯波发生器和阶梯波放大器。其中，XJ4810 型晶体管特性图示仪的控制面板及测试台布置情况如图1-34所示。

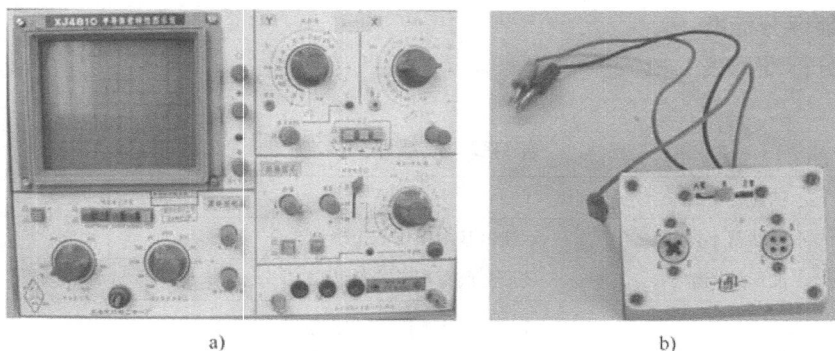

a) b)

图 1-34 XJ4810 型晶体管特性图示仪

a）控制面板 b）测试台布置

二、XJ4810 型晶体管图示仪的使用

1. 测试前的检查和校正

（1）检查放大器的对称性　如果示波器部分的 X 轴和 Y 轴放大器有相同的增益，则当给它们施加相同的阶梯电压时，屏幕上应显示出一列沿对角线排列的亮点。其检查方法是：将 X 轴和 Y 轴作用开关置于"基极电压"0.01V/DIV，"阶梯选择"开关也相应地置于0.01V/级。"极性"置于"＋"，阶梯作用置于"重复"挡，"级/簇"＞10，"级/秒"任意。此时，屏幕上将显示出一列沿对角线从左下角到右上角排列的亮点。

（2）放大器调零　Y 轴放大器调零：在检查放大器对称性的基础上，将 Y 轴"放大器校正"开关扳向"零点"位置（即把 Y 轴放大器输入端短路）。这时，屏幕上的亮点应在标尺格子的最上方且沿水平方向排成一行亮点。而且要求当 Y 轴作用开关置于不同的"基极电压"挡时，都能满足上述要求。否则，就要调节"直流平衡"电位器，直到"基极电压"在 0.1 ~ 0.5V/级各挡亮点都不产生上下移动为止。

X 轴放大器调零与 Y 轴放大器调零方法类似，所不同的是当 X 轴"放大器校正"开关扳向"零点"时，亮点沿垂直方向排成一列。

（3）检查放大器增益　Y 轴放大器增益的检查：在放大器调零的基础上，调节"Y 轴移位"旋钮，使水平排列的亮点对准标尺格子的上边线，然后将"放大器校正"开关扳向"－10DIV"挡，这时亮点应立即向下偏 10 格。要求对 Y 轴作用开关在"基极电压"的 6 个挡位都应逐挡进行校正。

X 轴放大器增益的检查方法和上述 Y 轴放大器类似。

2. 晶体管图示仪的使用

使用晶体管图示仪时，应先熟悉仪器的使用方法和被测晶体管的规格，以免将晶体管损坏。具体使用步骤如下：

1）使用仪器前，认真检查仪器有关旋钮的位置："测试选择"开关置于"关"，"峰值电压"旋钮调至零，"阶梯作用"置于"关"。

2）开启电源，指示灯亮，首先预热 5min，然后调整"标尺亮度"，观察时用红色标尺，摄影时用黄色标尺。调整"辉度"，使屏幕上光点和线条至适中的亮度。调整"聚焦"及"辅助聚焦"旋钮，使屏幕上显示清晰的线条或亮点，如图1-35所示。

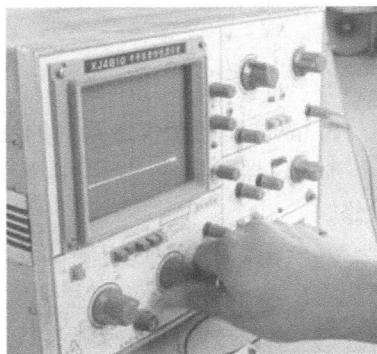

图 1-35　调整扫描线

3）进行基极阶梯信号调零。将光点移至屏幕左下角作为坐标零点，进行基极阶梯信号调零。当荧光屏上出现基极阶梯信号后，按下测试台上的"零电压"键，观察光点停留在荧光屏上的位置。复位后调节"阶梯调零"旋钮，使阶梯信号的起始光点仍在该处，则基极阶梯信号的零位即被校准，如图 1-36 所示。

4）根据被测管的类型（PNP 型或 NPN 型）和接地形式（E 接地或 B 接地），选择"极性"开关的位置，然后插上被测晶体管，如图 1-37 所示。

5）根据需要显示的曲线和需要测试的参数，选择相应的作用开关以及合适的量程，然后进行有关图形显示和参数测定，如图 1-38 所示。

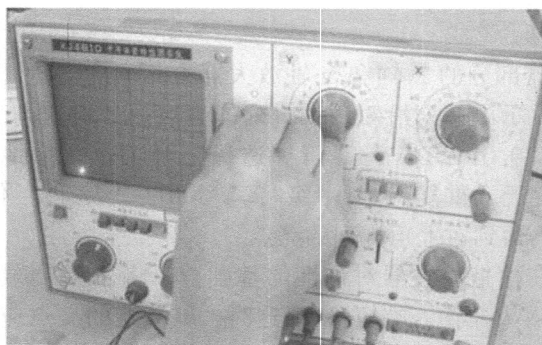

图1-36　进行基极阶梯信号调零

图1-37　选择"极性"开关位置

① 测试时逐渐加大峰值电压,即可得到输出特性曲线。测试中,由于晶体管的离散性较大,其输出特性曲线可能会超出屏幕坐标,此时可将 Y 轴作用开关置于其他挡位。由于输出特性曲线可以反映被测管特性的全貌,因此可依此对晶体管性能的优劣迅速做出判断。

② 测量晶体管的 h_{FE} 值。连接方法与调整同上,调整仪器的开关旋钮置于适当位置,即可得到 I_C 与 I_B 关系的一条直线,根据 $h_{FE} = \Delta I_C / \Delta I_B$ 可求得晶体管的 h_{FE} 值。

③ 观察晶体管的输入特性曲线。使用晶体管特性图示仪观察晶体管的输入特性曲线的连接方法与调整同上。测试时,逐渐加大峰值电压,可得到晶体管的输入特性曲线。读出工作点 Q 处的基极电压 U_{BE} 和基极电流 I_B 的值,可得到输入电阻为

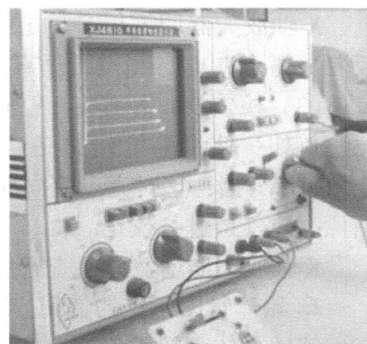

图1-38　选择相应的开关以及合适的量程

$$R_{sr} = \frac{\Delta U_{BE}}{\Delta I_B} \bigg|_{U_{CE} = 5V}$$

3. 晶体管图示仪使用时的注意事项

1）仪器长期使用后,由于元器件老化和变质,可能引起一定的误差,需要定期计量和维修。

2）测试时必须规定测试条件,否则测试结果将不一样。测试条件可以按照晶体管生产厂规定的技术条件,也可根据实际电路工作的状态来决定。

3）根据被测管的极限参数（最大允许电流、击穿电压和最大功耗等）,调节有关旋钮时,应注意不超过极限参数值。为此,在测试大功率晶体管和极限参数时,应利用"单簇"状态,一般应将"峰值电压范围"置 0～20V,"峰值电压"从零开始缓慢增加;刚开始注入的基极电流和电压不要太大,应由小到大逐步增加。一般在开始时,功耗限制电阻应取得大些,阶梯电流取得小些,然后根据显示图形的形状再做适当的调整。

4）每项测试完毕,应将"峰值电压"和"阶梯电流和电压"置于最小位置,然后关闭电源。

技能训练

一、训练内容

用晶体管特性图示仪观察晶体管的特性曲线。

二、设备、工具和材料准备

晶体管特性图示仪（XJ4810 型或自定）1 台，附说明书 1 份；晶体管（3DK2）2 只；单相交流电源（220V）1 处。

三、操作步骤

1）首先按图 1-39a 所示连接晶体管，然后将光点移至屏幕左下角作为坐标零点，并进行基极阶梯信号调零，将仪器的开关旋钮置于相应位置，即峰值电压范围：0 ~ 10V；极性：正（+）；功耗限制电阻：250Ω；X 轴作用：集电极电压 0.5V/度；Y 轴作用：集电极电流 1mA/度；阶梯信号：重复；阶梯极性：正（+）；阶梯选择：20μA/级。

2）测试时逐渐加大峰值电压，可得到如图 1-39b 所示的输出特性曲线。在测试中，由于晶体管的离散性较大，其输出特性曲线可能会超出屏幕坐标，此时可将 Y 轴作用开关置于其他挡位。同理，由于输出特性曲线可以反映被测管特性的全貌，因此可依此对晶体管性能的优劣迅速做出判断。

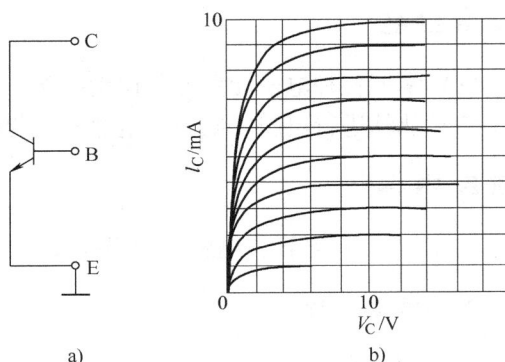

图 1-39 晶体管的输出特性曲线
a）晶体管的连接 b）输出特性曲线

四、成绩评分标准

成绩评分标准见表 1-13。

表 1-13 成绩评分标准

序号	项目内容	评分标准	配分	扣分	得分
1	图示仪基本操作	示波器基本操作不正确扣 5 分	30		
2	波形的调整	波形的调整不正确每处扣 10 分	30		
3	参数测量与分析	（1）不会测电压扣 15 分 （2）不会测频率扣 15 分 （3）参数分析不正确扣 10 分	30		
4	安全、文明生产	每一项不合格扣 5 分	10		
5	工时	6h			

模块二　常用电子元器件的检测

项目 2.1　电阻、电容和电感器的检测

项目目的

1）掌握各种电子元器件的识别技能。
2）熟练进行电阻、电容、电感器的测试。

项目内容

常用电阻、电容、电感器的识别及简易测试。

相关知识点析

一、电阻器

1. 电阻器的分类

（1）**按结构形式划分**　可分为一般电阻器、片形电阻器、可变电阻器（电位器）。电阻器、电位器的外形及图形符号如图 2-1 所示。

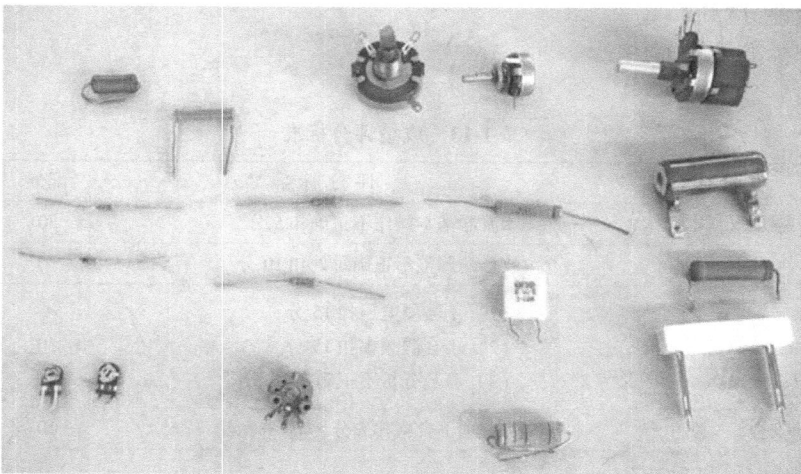

图 2-1　电阻器、电位器的外形及图形符号

（2）**按材料划分**　可分为合金型、薄膜型和合成型。

另外，还有敏感电阻，也称为半导体电阻。常用的有热敏、压敏、光敏、气敏、力敏等

不同类型电阻。它们广泛应用于检测技术和自动控制各种领域，发展非常迅速。

2. 电阻器的主要技术指标

（1）额定功率　电阻器在电路中长时间连续工作不损坏，或不显著改变其性能所允许消耗的最大功率，称为电阻器的额定功率。

（2）阻值和偏差　电阻器的标称值和偏差都标注在电阻体上，其标志方法有：直标法、文字符号法和色标法。

1）直标法：就是用阿拉伯数字和单位符号在电阻器表面直接标出标称阻值，其允许偏差直接用百分数表示。

2）文字符号法：就是用阿拉伯数字和文字符号两者有规律地组合来表示标称阻值和允许偏差。

3）色标法：小功率电阻较多使用色标法，特别是 0.5W 以下的碳膜和金属膜电阻。色标的基本色码及意义见表 2-1。

表 2-1　色标的基本色码及意义

色别	第一环	第二环	第三环	第四环	第五环
	第一位数	第二位数	第三位数	应乘倍率	精度
银	—	—	—	10	K ±10%
金	—	—	—	10	J ±5%
黑	0	0	0	10	K ±10%
棕	1	1	1	10	F ±1%
红	2	2	2	10	G ±2%
橙	3	3	3	10	—
黄	4	4	4	10	—
绿	5	5	5	10	D ±0.5%
蓝	6	6	6	10	C ±0.25%
紫	7	7	7	10	B ±0.1%
灰	8	8	8	10	—
白	9	9	9	10	+5%，−20%

色标电阻（色环电阻）器可分为三环、四环、五环三种，如图 2-2 所示。

其中，三环色标电阻表示标称电阻值（精度均匀 ±20%）；四环色标电阻表示标称电阻值及精度；五环色标电阻表示标称电阻值（三位有效数字）及精度。为避免发生混淆，第五色环的宽度是其他色环的 1.5～2 倍。

3. 电位器

电位器是一种可调电阻器，有 3 个引出端，其中两个为固定端，一个为滑动端（也称为中心抽头）。滑动端可以在两个固定端之间作机械运动，使其与固定端之间的电阻值发生变化，如图 2-3 所示。

4. 电阻器、电位器的测量与质量判别

（1）电阻器、电位器的测量　通常可用万用表电阻挡进行测量。测量过程中手指不要触碰被测电阻器的两根引线，避免人体电阻对测量精度的影响，如图 2-4 所示。

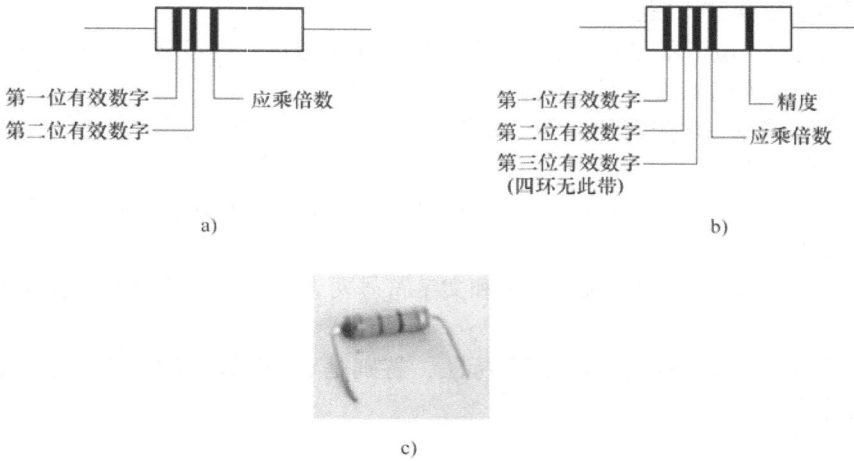

a)　　　　　　　　　　　　b)

c)

图 2-2　电阻色环含义
a）三环色标　b）五环色标　c）电阻外形

图 2-3　电位器

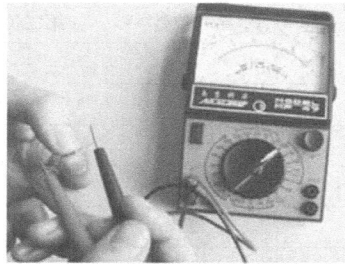

图 2-4　电阻器的测量

（2）电阻器的质量判别　电阻器的电阻体或引线折断以及烧焦等现象可以从外观上看出。若内部损坏或阻值变化较大，可用万用表欧姆挡测量核对。若电阻内部或引线有缺陷，以致接触不良时，用手轻轻地摇动引线，可以发现松动现象；用万用表测量时，指针指示不稳定。

（3）电位器的质量差别　图 2-5 所示为最常见的碳膜电位器。焊片"1"和"3"两端的电阻值是电位器的标称阻值，焊片"2"是转动的滑动臂引出端。用万用表测量"2"、"3"之间电阻值时，顺时针旋转电位器轴，阻值应从零变化到电位器标称值；"1"和"2"之间的阻值变化相反。测量过程中如万用表指针平稳移动而无跌落、跳跃或抖动等现象，则说明电位器正常。

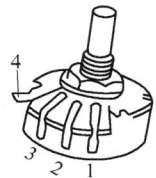

图 2-5　碳膜电位器
1~3—焊片　4—接地焊片

（4）热敏电阻器的检测和测量　检测热敏电阻器时，应在常温下用万用表 $R \times 1$ 挡来进行。正常时其测量值应与其标称阻值相同或接近（误差为 $\pm 2\Omega$），如图 2-6 所示。

若用升温的电烙铁靠近热敏电阻器，并测量其阻值，正常值应随温度上升而电阻增大，如图 2-7 所示。

图 2-6　热敏电阻器的检测

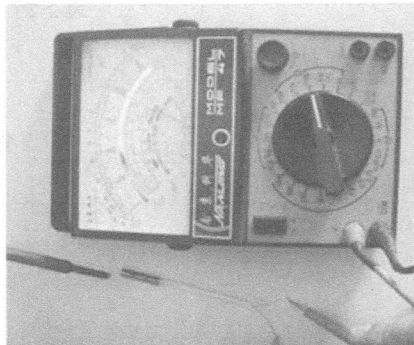

图 2-7　热敏电阻器的测量

（5）压敏电阻器的检测　压敏电阻器检测时，一般用万用表 $R \times 1$ 挡来测量其两脚正反向电阻值。正常时为无穷大；反之，说明压敏电阻器漏电电流大，不能再使用。如果压敏电阻器压敏电压下降，也不能使用，只不过用万用表无法对此进行判断，如图 2-8 所示。

二、电容器

电容器是由两个金属电极中间夹一层绝缘体（又称为电介质）所构成。当在两个电极间加电压时，电容器上就会储存电荷，所以电容器是一种能存储和释放电能的元件。电容器具有阻止直流电通过，而允许交流电通过的特点，即所谓的"隔直通交"。

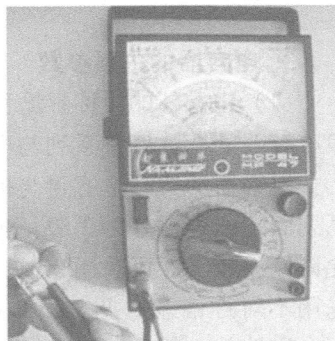

图 2-8　压敏电阻器的检测

1. 电容器的分类

电容器按结构分为固定电容器、可变电容器及微调（或称半可变）电容器；按介质可分为固体有机介质、固体无机介质、气体介质、电解质电容器。

常见电容器的外形及电路符号如图 2-9 所示。

2. 电容器的命名方法

电容器的产品型号一般由 4部分组成：第一部分为电容器主称，用字母 C 表示；第二部分为介质材料，用字母表示（见表2-2）；第三部分为分类，用字母或数字表示（见表 2-2）；第四部分为序号，用数字表示。

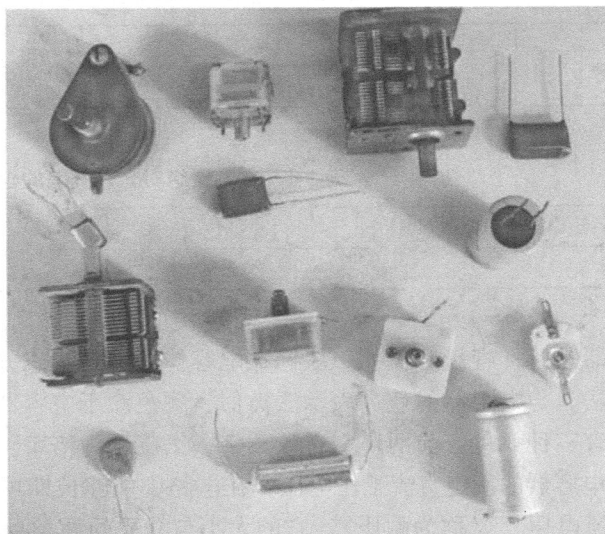
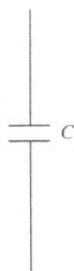

a)　　　　　　　　b)

图 2-9　常见电容器的外形及电路符号
a）外形　b）符号

表 2-2　电容器型号中符号的意义

介 质 材 料		分　类				
符　号	意　义	符　号	意　义			
			瓷介电容器	云母电容器	电解电容器	有机电容器
C	高频陶瓷	1	圆片	非密封	箔式	非密封
T	低频陶瓷	2	管形	非密封	箔式	非密封
Y	云母	3	叠片	密封	烧结粉、液体	密封
Z	纸	4	独石	密封	烧结粉、固体	密封
J	金属化纸	5	穿心			穿心
I	玻璃釉	6	支柱			
L	涤纶薄膜	7			无极式	

3. 电容器的主要参数

（1）电容器的标称容量和偏差　不同材料制造的电容器，其标称容量系列也不一样，一般电容器的标称容量系列与电阻器采用的系列相同，即 E24、E12、E6 系列。

电容器的实际电容量与标称容量的允许最大偏差，称为电容器的允许偏差。E24～E26 系列固定电容器分为 3 级：Ⅰ级为 ±5%，Ⅱ级为 ±10%，Ⅲ级为 ±20%。精密型电容器的允许偏差较小，可采用 00 级为 ±1%，0 级为 ±2% 等，而对于 E3 系列电容器的允许偏差可采用不对称偏差，见表 2-3。当固定电容器中的标称容量小于 10pF 的无机介质电容器，所用允许偏差一般为绝对允许偏差，即直接标出其允许偏差，见表 2-4。

表 2-3　电容器不对称允许偏差的含义

字母	H	R	T	Q	S	Z	无标记
含义	+100 0	+100 -10	+50 -10	+30 -10	+50 -20	+80 -20	+不规定 -20

表 2-4　电容器绝对允许偏差的含义

字母	B	C	D	E
含义	+100 0	+100 -10	+50 -10	+30 -10

电容器的标称容量和偏差一般标在电容体上，其标志方法常采用直标法、数码表示法和色码表示法。与电阻器的色环表示法类似，颜色涂于电容器的一端或从顶端向引线排列。色码一般只有三种颜色，前两环为有效数字，第三环为倍率，单位为 pF。

（2）电容器的额定直流工作电压　在电路中能够长期可靠地工作而不被击穿时所能承受的最大直流电压（又称为耐压）。它的大小与介质的种类和厚度有关。一般标注在外壳上。

另外，电容器的参数还有漏电电阻和漏电电流。电容器的介质并不是绝对的绝缘体，或多或少总有些漏电。一般小容量电容器的漏电电阻为 ∞，而大容量电容器的漏电电阻较小，导致漏电电流较大，易使电容器因过热而损坏。

4. 电容器的参数表示

（1）直标法　在电容器上用数字直接标注主要参数的方法，如 470pF ±10%，160V。

（2）文字符号法　电容器的文字符号法与电阻器的这一表示方法相同。如 P1 表示 0.1 pF，1n 表示 1000 pF。

（3）数码表示法　用三位整数表示电容器的标称容量，然后用一个字母表示允许偏差。在三位数中，前两位数字表示有效数字，第三位表示应乘倍数（在瓷介电容器中，第三位应乘倍数"9"表示 10^{-1}），标称容量的单位是 pF。

（4）色标法　电容器的标称容量、允许偏差的色标法规则与电阻器一样。当色码要表示两个重复的数字时，可用宽一倍的色码来表示。图 2-10a 所示的电容器标称容量和允许偏差为 220（1 ±5%）pF；图 2-10b 所示的电容器标称容量和允许偏差为 0.047（1 ±10%）pF。

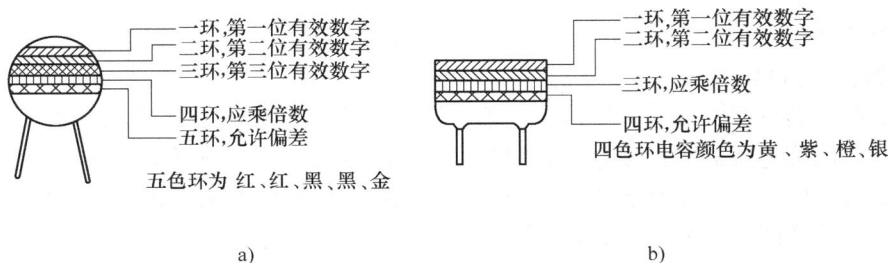

图 2-10　电容器的色标法
a）五环色标电容器　b）四环色标电容器

5. 电容器的测试

通常用万用表的欧姆挡来判别电容器的性能、好坏、容量和极性等。要求合理选用万用表的量程，对于 5000pF 以下的电容器应选用电容表测量。

（1）固定电容器的性能和好坏判别　将万用表笔接触电容器的两极，表头指针应先向正方向摆动，然后逐渐向反方向复原，即退至 $R = \infty$ 处。若指针不能复原，则稳定后的读数表示电容器漏电阻值。其值一般为几百到几千兆欧，阻值越大，绝缘性越好。若在测试过程中表头指针无摆动现象，则说明电容器内部已断路；若指针正偏后无返回现象，且电阻值很小或为零，则说明电容器内部已短路，不能再继续使用。对于电容量较小的电容器，指针偏转很小，如图 2-11 所示。

（2）电容器容量的判别　用表笔接触电容器两极时，表头指针先正偏，然后逐渐复原。接着对调红、黑表笔，表头指针又偏摆，偏摆幅度较前次大，并又逐渐复原。电容器的容量越大，指针偏摆幅度越大，复原速度越慢。这样可以粗略判别其大小，具体容量必须经过电容表来测量。

（3）电解电容器极姓的判别　根据电解电容器正接时漏电流小，反接时漏电流大的现象可判别其极性。用万用表测量电解电容器正、反漏电阻，两次测量中，测得电阻值大的一次，黑表笔所接触的是正极（因为黑表笔与表内电池的正极相接，数字式万用表则相反），如图 2-12 所示。

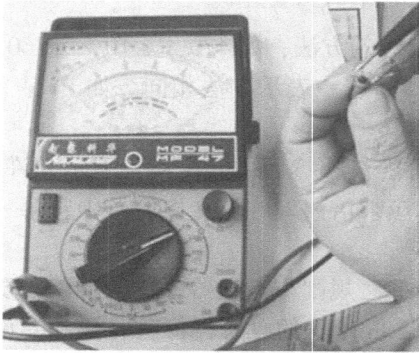

图 2-11　固定电容器的测试

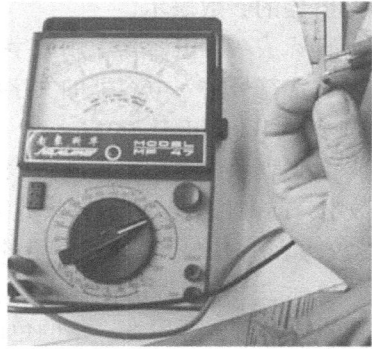

图 2-12　电解电容器极性的判别

三、电感器

1. 电感器的分类

电感器的种类很多，而且分类标准也不一样。通常按电感量变化情况分为固定电感器、可变电感器、微调电感器等；按电感器线圈内介质不同分为空心电感器、铁心电感器、磁心电感器、铜心电感器等；按绕制特点分为单层电感器、多层电感器、蜂房电感器等。部分常见电感器的外形及图形符号如图 2-13 所示。

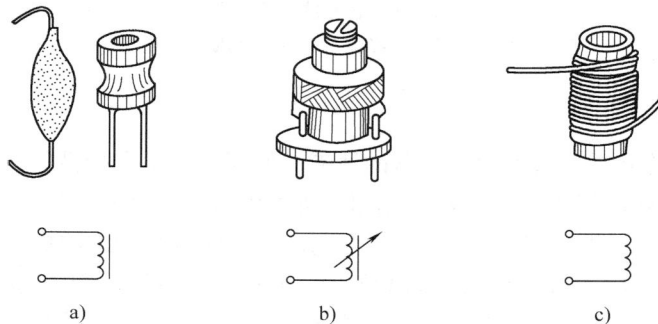

图 2-13　常见电感器的外形及图形符号
a）带心电感器　b）带心可变电感器　c）固定电感器

2. 变压器及其分类

变压器是利用绕组之间的互感作用，对交流（或信号）进行电压变换、电流变换、阻抗变换、传递功率及信号、隔断直流等。变压器的种类很多，按铁心材料可分为空气心、磁心、可调磁心及铁心变压器；按工作频率可分为低频、中频、高频变压器；按结构形式分为心式、壳式、环形、金属箔变压器；按用途可分为电源调压、脉冲、耦合、线间变压器等。常见变压器的外形及电路符号如图 2-14 所示。

3. 电感器的型号命名

（1）固定电感线圈的型号命名方法　电感线圈的型号由 4 部分组成：第一部分为主称，用字母 L 表示电感线圈，用 ZL 表示阻流圈；第二部分为特征，用字母 G 表示高频；第三部分为结构形式，用字母表示；第四部分为区分代号，用数字表示。例如：LGX 表示为小型高频电感线圈，LG1 表示为卧式高频电感线圈。

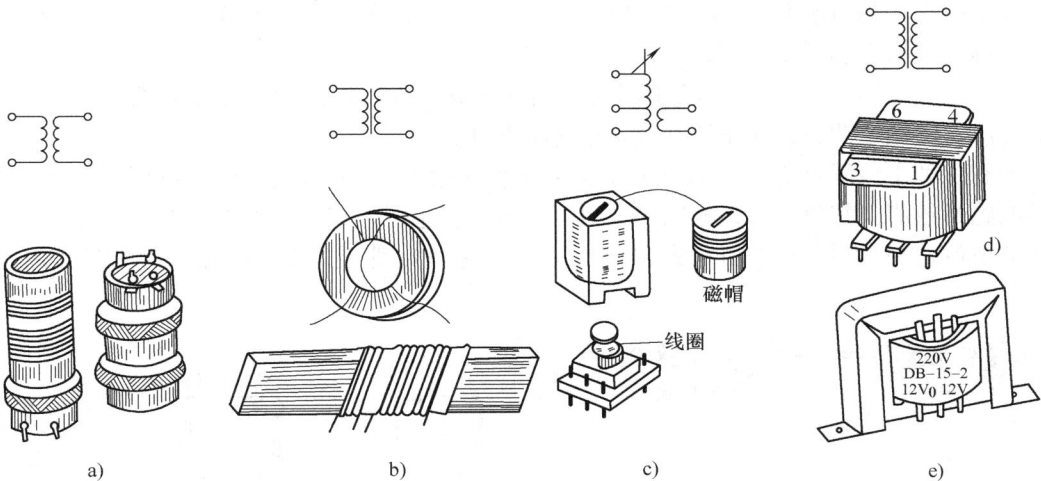

图 2-14　常见变压器的外形及电路符号

a）空心变压器　b）磁心变压器　c）可调磁心变压器　d）铁心变压器　e）小型电源变压器

（2）变压器的型号命名方法　变压器的型号由 3 部分组成：第一部分为主称，用字母 B 表示，见表 2-5；第二部分为功率，用数字表示，计量单位用 V·A 或 W 标志；第三部分为序号，用数字表示。例如：DB50—1 表示为 50V·A 的电源变压器。

表 2-5　变压器型号中主称字母含义

符　　号	含　　义	符　　号	含　　义
DB	电源变压器	SB 或 ZB	音频（定阻式）输送变压器
RB	音频输入变压器	GB	高压变压器
CB	音频输出变压器	HB	灯丝变压器
SB 或 EB	音频（定压式或自耦式）输送变压器		

4. 主要技术参数及其识别方法

（1）电感线圈的主要技术参数

1）电感量 L：线圈的电感量 L 也叫做自感系数或自感，是表示线圈产生自感能力的一个物理量。其单位为亨（H）、毫亨（mH）和微亨（μH）。

2）品质因数 Q：线圈的品质因数 Q 也叫优质因数，是表示线圈质量的一个物理量。它是指线圈在某一频率 f 的交流电压下工作时所呈现的感抗（ωL）与等效损耗电阻 $R_{等效}$ 之比，即

$$Q = \frac{\omega L}{R_{等效}} = \frac{2\pi f L}{R_{等效}}$$

频率较低时，可认为 R 等于线圈的直流电阻；频率较高时，R 应包括各种损耗在内的总等效电阻。

3）分布电容：线圈的匝与匝之间、线圈与屏蔽罩间（有屏蔽罩时）、线圈与磁心间、线圈与底板间存在的电容均称为分布电容。分布电容的存在使线圈 Q 值减小，稳定性变差，因而线圈的分布电容越小越好。

（2）电感器参数的识别　对于体积较大的电感线圈，其电感量及标称电流均在外壳上标出。变压器的额定功率、电压比和效率也都标在外壳上。

还有一种小型固定高频电感线圈，也叫做色码电感器，其外壳上标以色环或直接用数字表明电感量数值，其色码标识规则与电阻器、电容器色码标识规则相同。但是电感线圈的电感量的单位是 mH。图 2-15 所示为 SL 型（卧式）和 EL 型（立式）电感线圈识别示例。

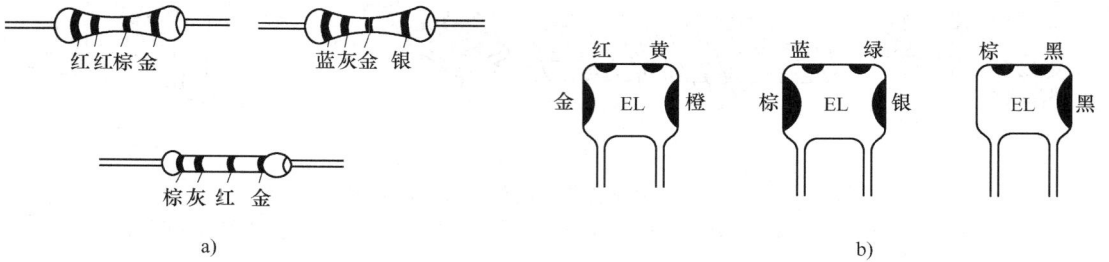

图 2-15　电感线圈色码标识示例
a）SL 型（卧式）电感线圈　b）EL 型（立式）电感线圈

技能训练

一、训练内容
电阻器、电容器、电感器的识别与测试。

二、设备、工具和材料准备
设备、工具和材料准备见表 2-6。

表 2-6　工具、材料和仪表

材　料	数　量	仪　表	数　量
各类电阻器	各 1 只	万用表	1 只
各类电位器	各 1 只		
各类电容器（包括坏电容器）	各 1 只	电容表	1 只

三、操作步骤

1. 电阻的识别

1）制作色环电阻板若干块，每块可放置不同的色环电阻 20 只，由学生注明该色环电阻的阻值，并互相交换，反复练习识别速度和准确性。

2）制作标识具体阻值的电阻板若干块，每块放置不同阻值的电阻 20 只，由学生注明该电阻的色环和分类，并相互交换，反复练习。

2. 用万用表测量电阻

选用无色环、无数值标志的不同阻值的电阻若干个，通过万用表的测量，要求达到测量快速、准确、区分正确。

3. 用万用表测量电位器

1）测量两固定端的阻值。

2）测中间滑动片与固定端间的电阻值，旋转电位器，观察其阻值变化情况。

4. 记录测量结果

将识别、测量结果填入表 2-7 中。

表 2-7　电阻器识别及测量

由色环写出具体数值				由具体数值写出色环			
色　　环	阻　　值	色　　环	阻　　值	阻　　值	色　　环	阻　　值	色　　环
棕黑黑		棕黑红		0.5Ω		2.7kΩ	
红黄黑		紫棕棕		1Ω		3kΩ	
橙橙黑		橙黑绿		36Ω		5.6kΩ	
黄紫橙		蓝灰橙		220Ω		6.8kΩ	
灰红红		红紫黄		470Ω		8.2kΩ	
白棕黄		紫绿棕		750Ω		24kΩ	
黄紫棕		棕黑橙		1kΩ		39kΩ	
橙黑棕		橙橙橙		1.2kΩ		47kΩ	
紫绿红		红红红		1.8kΩ		100kΩ	
白棕棕				2kΩ		150kΩ	
1min 内读出色环电阻值				注：20 分满分，每错 1 个扣 2 分			
3min 内测量无标志电阻数				注：20 分满分，每错 1 个扣 2 分			
电位器测量	固定端阻值		型号及含义		质量好坏		

5. 电容器的识别测试

先在若干个电容器中除去不能使用的电容器（即存在短路或断路的电容器），接下来确定质量好的电容器的漏电阻大小，并判别出电解电容器。自行绘制表格，进行记录。

注意事项如下：

1）测量器件时不要将人体电阻并入电路中。

2）每次改变万用表欧姆挡量程时都要进行调零。

四、成绩评分标准

成绩评分标准见表 2-8。

表 2-8　成绩评分标准

序　号	项目内容	评分标准	配分	扣分	得分
1	电阻器的识别与测量	（1）1min 内读出色环电阻数，满分 20 分，每错 1 个扣 2 分 （2）3min 内测量无标志电阻数，满分 20 分，每错 1 个扣 2 分	40		
2	电位器的识别与测量	（1）不会判别好坏扣 10 分 （2）不会识别扣 10 分	30		
3	电容器的识别与测量	（1）不会判别好坏扣 10 分 （2）不会识别扣 10 分	30		
4	工时	1h			

项目 2.2　半导体器件的检测

项目目的

1）掌握各种半导体器件的识别技能。

2）熟练进行二极管、晶体管、晶闸管、三端稳压器、集成电路的测试。

项目内容

常用二极管、晶体管、晶闸管、三端稳压器、集成电路的识别及简易测试。

相关知识点析

一、晶体二极管及晶体管的简易测试

1. 晶体二极管的简易测试

常用的晶体二极管有：2AP、2CP、2CZ 系列。2AP 系列主要用于检波和小电流整流；2CP 系列主要用于较小功率的整流；2CZ 系列主要用于大功率整流。一般在二极管的管壳上注有极性标记；若无标记，可利用二极管的正向电阻小、反向电阻大的特点来判别其极性。同时，也可以利用这一特点来判断二极管的好坏。判断时，常使用万用表的电阻挡，对于耐压低、电流小的二极管只能用万用表的 $R \times 100$ 或 $R \times 1k$ 挡。

（1）性能判别　其测试方法如图 2-16 所示，晶体二极管正、反向电阻相差越大越好。两者相差很大，表明二极管的单向导电特性好；如果二极管的正、反向电阻值很相近，那么表明管子已损坏。若正、反向电阻都很小或为零，则说明管子已被击穿，即两电极已发生短路；若正、反向电阻都很大，则说明管子内部已断路，不能使用。

（2）极性判别　在测试正、反向电阻时，当测得的电阻值较小时，与黑表笔相连的那个电极是二极管的正极；当测得的电阻值较大时，与黑表笔相连的电极是二极管的负极。

由于二极管的正、反向电阻和测量电流大小相关，所以一个管子的正、反向电阻用不同的电阻挡测量出来的电阻值会有差别。

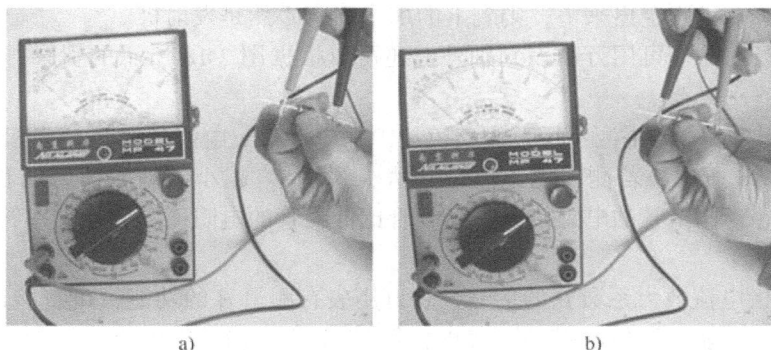

图 2-16　晶体二极管的简易测试

a）正向电阻小　b）反向电阻大

2. 晶体管的简易测试

（1）管型和基极的判别　若将晶体管看成是两个二极管，这样便于判别。用万用表 R $\times 100$ 或 $R \times 1k$ 电阻挡，将红表笔接某一引脚，黑表笔分别接另外两个引脚，测得两个电阻值，若两个电阻值均较小时（小功率晶体管约为几百欧），则红表笔所接的引脚为 PNP 管的基极，如图 2-17a 所示。若两个电阻值中有一个较大，可将红表笔改接另一个引脚再进行测试，直到两个引脚测出的电阻均较小时为止。若测得的电阻均较大，红表笔所接的引脚为 NPN 型管的基极。

如用黑表笔接某一引脚，红表笔接另外两个引脚，当测得两个阻值均较小时，黑表笔所接的引脚为 NPN 型管的基极，如图 2-17b 所示。若两个阻值均较大，则黑表笔所接的引脚为 PNP 型管的基极。

（2）集电极的判别　可以利用晶体管正向电流放大系数比反向电流放大系数大的原理来确定晶体管的集电极。使用万用表 $R \times 100$ 或 $R \times 1k$ 电阻挡，如图 2-17c 所示，两手扶住表笔和引脚，用嘴含住晶体管的基极，把万用表的两根表笔分别接到晶体管的另外两个引脚，利用人体电阻实现偏置，测量万用表指针摆动的幅度，然后对调两根表笔，同样测读电阻值或指针偏摆的幅度。比较两次读数的大小：对 PNP 型管，电阻值小（偏摆幅度大）的那次测量中红表笔所接的引脚为集电极；对 NPN 型管，电阻值小（偏摆幅度大）的那次测量中黑表笔所接的引脚为集电极。

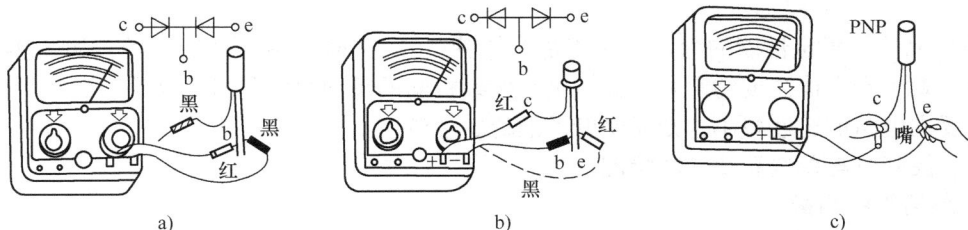

图 2-17　晶体管的简易测试

a）、b）基极的判别　c）集电极的判别

若基极和集电极判定出来了，则剩下的那个引脚必然是发射极。

晶体管的极性除了可用万用表判别外，还可以根据图 2-18 所示的引脚排列规则来识别和判断。

（3）穿透电流 I_{ceo} 的估测　用万用表 $R \times 100$ 或 $R \times 1k$ 电阻挡测量集电极和发射极反向电阻，如图 2-19a 所示，若测得的电阻值越大，说明 I_{ceo} 越小，则晶体管的稳定性能越好。一般情况下，硅管比锗管的电阻值大，高频管比低频管的电阻值大，小功率管比大功率管的电阻值大。

（4）共射极电流放大系数 β 的估测　若万用表有测量 β 的功能，可直接进行测量读数；若没有测量 β 的功能，可以在基极、集电极间接入一只 $100k\Omega$ 电阻，如图 2-19b 所示。此时，集电极与发射极反向电阻较图 2-19a 所示的小，即万用表指针偏摆大，指针偏摆幅度越大，则 β 值越大。

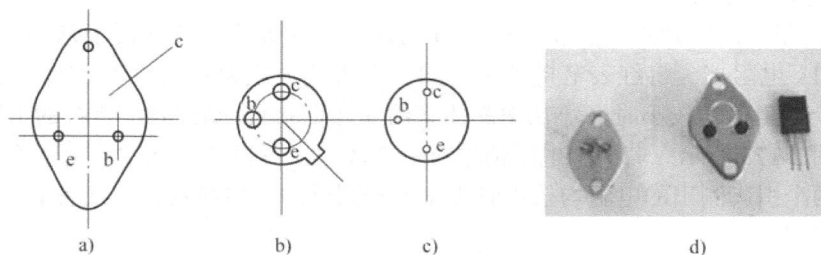

图 2-18　晶体管外形和管脚识别

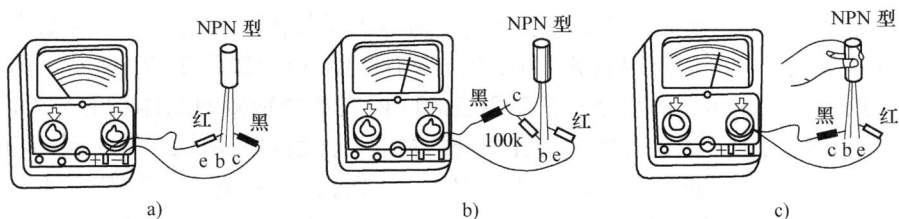

图 2-19　晶体管性能的简易测试

a）I_{ceo} 的估测　b）β 的估测　c）稳定性能的判别

（5）晶体管稳定性能的判别　在测量晶体管 I_{ceo} 的同时，用手捏住管子，如图 2-19c 所示，由于管子受人体温度的影响，集电极与发射极间的反向电阻将有所减小，若指针偏摆较大，或反向电阻值迅速减小，则说明管子的稳定性较差。

二、晶闸管与单结晶体管的检测

1. 晶闸管的测量

1）将万用表转换开关置于 $R \times 1k$ 挡，分别测量阳极与阴极、阳极与门极间的正、反向电阻，正常情况下电阻值应很大（几百千欧以上）。

2）将万用表转换开关置于 $R \times 1$ 或 $R \times 10$ 挡，测量门极对阴极的正向电阻，一般应为几欧至几百欧，反向电阻比正向电阻要大一些。若其反向电阻不太大，此时不能说门极与阴极间短路；若大于几千欧时，说明门极与阴极间断路。

3）将万用表转换开关置于 $R \times 100$ 或 $R \times 10$ 挡，黑表笔接 A 极，红表笔接 K 极，在黑表笔保持和 A 极相接的情况下，同时与 G 极接触，这样就在 G 极上施加了一个触发电压，若看到万用表指示的阻值明显变小，则说明晶闸管因触发而导通。在保持黑表笔和 A 极相接的情况下，断开与 G 极的接触，若晶闸管仍导通，则说明晶闸管是好的；若不导通，一般则是坏的。

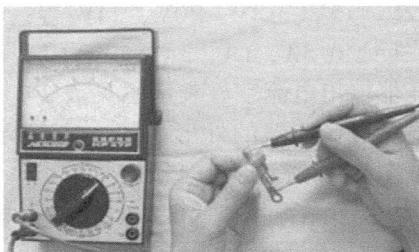

根据以上测量方法可以判别出阳极、阴极与门极，即一旦测出两引脚间呈低阻状态，此时黑表笔所接为 G 极，红表笔所接为 K 极，另一端为 A 极，如图 2-20 所示。

图 2-20　晶闸管引脚电极的测量

2. 单结晶体管的测量

采用万用表 $R \times 100$ 挡，将红、黑表笔分别接单结晶体管任意两个引脚，测量其电阻值；接着对调红、黑表笔，再次测量电阻值。若第一次测得的电阻值小，第二次测得的电阻值大，则第一次测量时黑表笔所接的引脚为 e 极，红表笔所接引脚为 b 极；另一引脚也是 b 极。e 极对另一个 b 极的测试情况同上。若两次测得的电阻值都一样，约为 $2 \sim 10k\Omega$，那么这两个引脚都为 b 极，另一个引脚为 e 极，如图 2-21 所示。

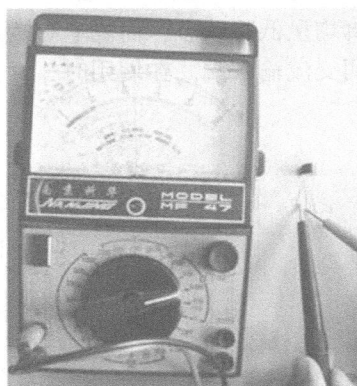

采用万用表 $R \times 100$ 挡，测量 e 对 b1 的正向电阻；e 对 b2 的正向电阻；正向电阻稍大一些时为 e 对 b1；正向电阻稍小一些时为 e 对 b2。

注意：单结晶体管的发射极 e 对第一基极 b1、对第二基极 b2 都相当于一个二极管。单结晶体管在结构上 e 靠近 b2 极。

图 2-21　单结晶体管的测量

三、三端稳压器的测量

固定式三端稳压器有输入端、输出端和公共端 3 个引出端。这类稳压器属于串联调整式，除了基准、取样、比较放大和调整等环节外，还有较完整的保护电路。常用的 CW78×× 系列是正电压输出，CW79×× 系列是负电压输出。根据相关国家标准，其型号中各字母的含义如下：

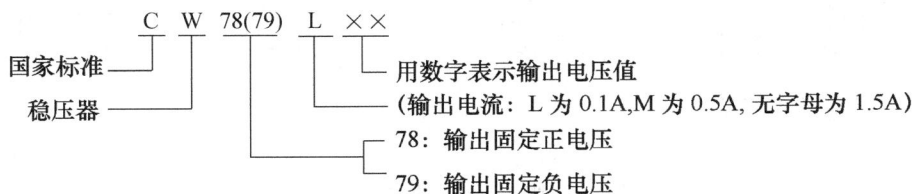

```
         C  W  78(79)  L  ××
国家标准 ─┘  │    │     │   └─ 用数字表示输出电压值
稳压器 ───┘    │     └───── (输出电流：L 为 0.1A,M 为 0.5A, 无字母为 1.5A)
               │
               ├─ 78：输出固定正电压
               │
               └─ 79：输出固定负电压
```

CW78×× 和 CW79×× 系列稳压器的引脚功能有较大的差异，使用时必须加以注意。

三端集成稳压器一般分为 5V、6V、9V、12V、15V、18V、20V、24V 等；输出电流分为 0.1A、0.5A、1A、2A、5A、10A 等。三端集成稳压器输出电流字母表示法见表 2-9。常见固定式三端集成稳压器的外形如图 2-22 所示，其引脚排列如图 2-23 所示。

表 2-9　三端集成稳压器输出电流字母

L	M	（无字）	S	H	P
0.1A	0.5A	1A	2A	5A	10A

图 2-22　常见的固定式三端集成稳压器外形

四、整流桥堆的测试

选用指针式万用表的 $R \times 100$ 或 $R \times 1k$ 挡，将黑表笔接某一引脚，若其与另外 3 个引脚均呈低阻状态，而表笔对换后又呈高阻状态，则该端为直流"＋"极。接下来，可判别出两交流输入端。在使用时，两交流输入端可互换使用，如图 2-24 所示。

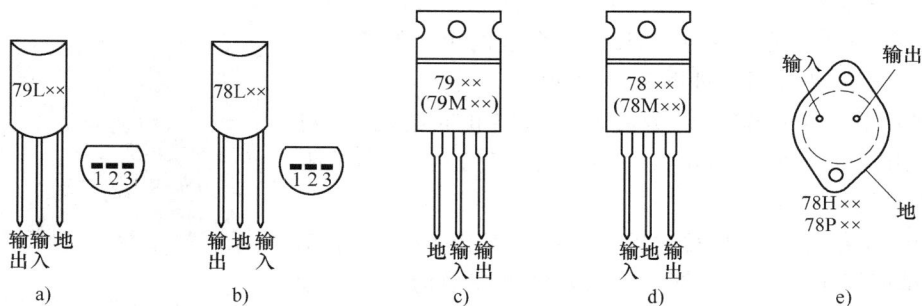

图 2-23　三端集成稳压器的引脚排列
a) 79L 系列　b) 78L 系列　c) 79 系列
d) 78 系列　e) 78H、78P 系列

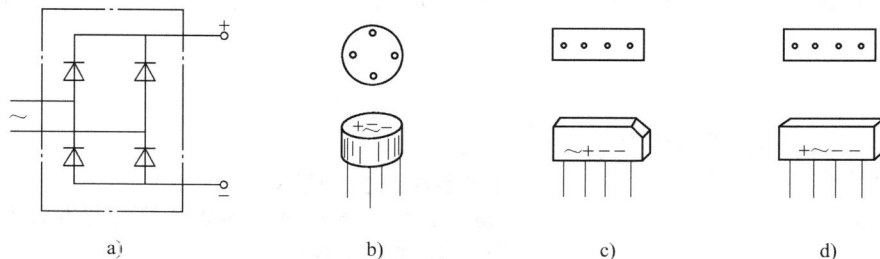

图 2-24　整流桥堆等效电路及引脚

五、集成电路

1. 集成电路的封装形式和引脚顺序识别

集成电路的封装材料及外形有多种。最常用的封装形式有塑料、陶瓷及金属 3 种。封装外形可分为圆形金属外壳封装（晶体管式封装）、陶瓷扁平或塑料外壳封装、双列直插式陶瓷或塑料封装、单列直插式封装等，如图 2-25 所示。

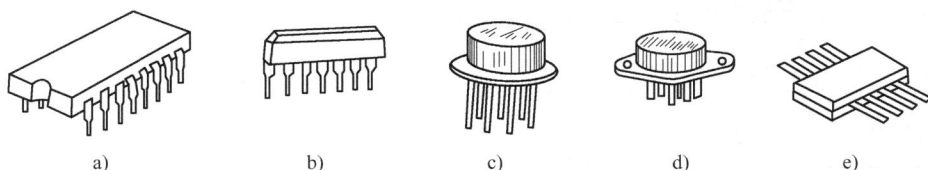

图 2-25 集成电路的封装形式

a）双列直插式封装 b）单列直插式封装 c）TO-S 型封装 d）F 型封装 e）陶瓷扁平封装

集成电路的引脚有 3、5、7、8、10、12、14、16 根等多种。正确识别引脚排列顺序是很重要的，否则无法对集成电路进行正确安装、调试与维修，以至于不能使其正常工作，甚至造成损坏。

集成电路的封装外形不同，其引脚排列顺序也不一样，其识别方法如下：

（1）圆筒形和菱形金属壳封装 IC 的引脚识别　其引脚识别方法是：面向引脚（正视），由定位标记所对应的引脚开始，按顺时针方向依次数到底即可。常见的定位标记有突耳、圆孔及引脚不均匀排列等，如图 2-26 所示。

（2）单列直插式 IC 的引脚识别　其识别方法是：使其引脚向下，面对型号或定位标记，自定位标记一侧的第一根引脚数起，依次为 1，2，3，…此类集成电路上常用的定位标记为色点、凹坑、细条、色带、缺角等，如图 2-27a 所示。有些厂家生产的集成电路，本是同一种芯

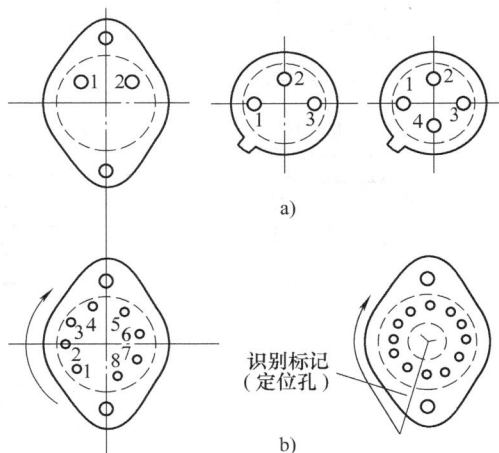

图 2-26 金属壳封装 IC 的引脚识别

a）圆筒形 b）菱形

片，为了便于在印制电路板上灵活安装，其封装外形有多种，一种按常规排列，即自左向右；另一种则自右向左，如图2-27b所示。但有少数器件没有引脚识别标记，这时应从它的型号上加以区别。若其型号后缀有一字母 R，则表明其引脚顺序为自左向右反向排列。例如，M5115P 与 M5115RP，前者引脚排列顺序为自右向左为正向排列，后者引脚为自右向左为反向排列。

（3）双列直插式或扁平式 IC 的引脚识别　双列直插式 IC 的引脚识别方法是：将其水平放置，引脚向下，即其型号、商标向上，定位标记在左边，从左下脚第一根引脚数起，按逆时针方向，依次为 1，2，3，…，如图 2-28 所示。

扁平式集成电路的引脚识别方向和双列直插式 IC 相同，例如，四列扁平封装的微处理器集成电路的引脚排列顺序如图 2-29 所示。对某些软封装类型的集成电路，其引脚直接与

印制电路板相结合，如图 2-30 所示。

2. 集成电路的检测

对集成电路的质量检测一般分为非在路集成电路的检测和在路集成电路的检测。

（1）非在路集成电路的检测　非在路集成电路是指与实际电路完全脱开的集成电路，即集成电路本身为减少不应有的损失，集成电路在往印制电路板上焊接前应先进行测试，证明其性能良好，然后再进行焊接，这一点尤其重要。

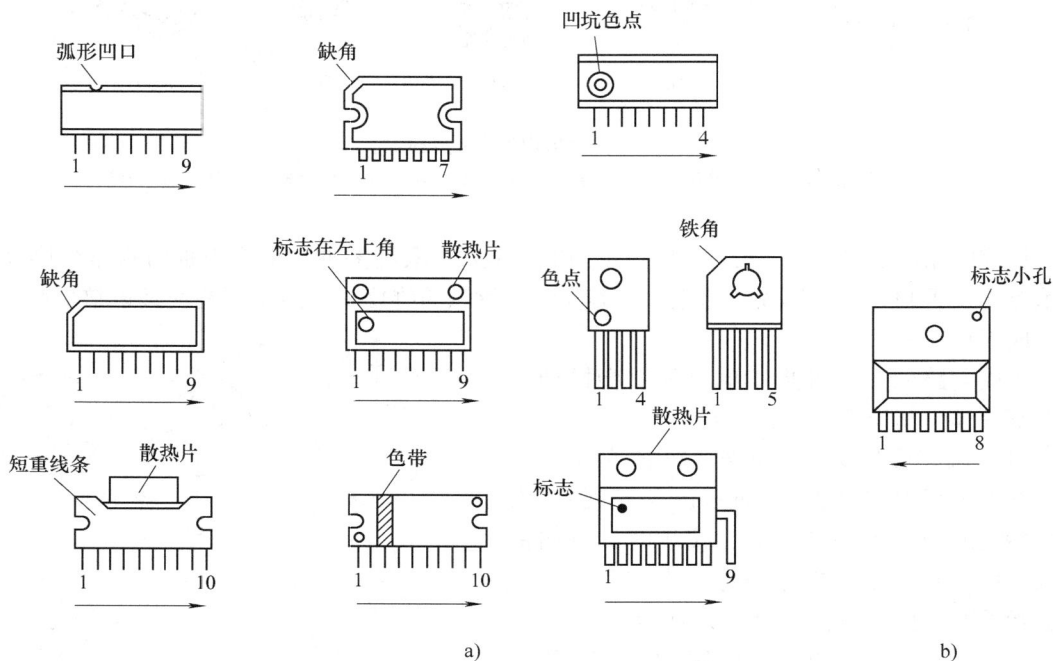

a)　　　　　　　　　　　　　　　　　b)

图 2-27　单列直插式 IC 的引脚识别

a）自左向右排列　b）自右向左排列

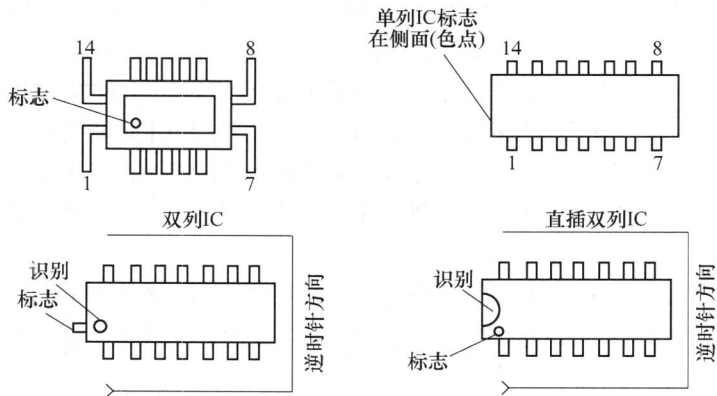

图 2-28　双列直插式 IC 的引脚识别

识别标记(特性管脚与凹点)　　　识别标记(切口与短角)

有些IO没有此引脚

胶封芯片

安装孔

印制板

印制电路引脚

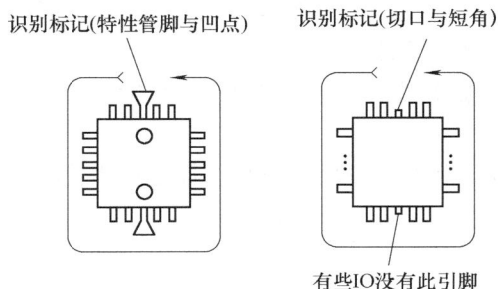

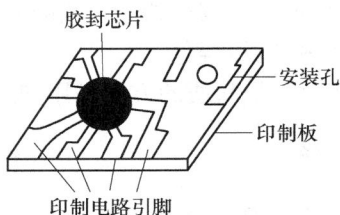

图 2-29　四列扁平封装 IC 引脚识别　　　图 2-30　软封装 IC 引脚识别

检测非在路集成电路好坏的准确方法是：按制造厂商给定的测试电路和条件，逐项进行检测。而在一般性电子制作或维修过程中，较为常用的方法是：先在印制板的对应位置上焊接上一个集成电路，在断电情况下将被测集成电路插上。通电后，若电路工作正常，说明该集成电路的性能是好的；反之，若电路工作不正常，说明该集成电路的性能不良或者已损坏。这种方法的优点是准确，但由于焊接工作量大，也往往容易受到客观条件的限制，如图 2-31 所示。

检测非在路集成电路好坏比较简单的方法是：用万用表电阻挡测量集成电路各引脚对地的正、负电阻值。具体方法如下：将万用表拨在 $R \times 1k$、$R \times 100$ 挡或 $R \times 10$ 挡上，先让红表笔接集成电路的接地引脚，然后将黑表笔从其第一根引脚开始，依次测出 1，2，3，…，脚相对应的阻值（称正阻值）；再让黑笔表接集成电路的同一接地脚，用红表笔按以上方法与顺序，在测出另一电阻值（称负阻值）。将测得的两组正、负阻值与标准值进行比较，从中发现问题。

（2）在路集成电路的检测　在路集成电路的检测如图 2-32 所示。主要检测方法有以下几种：

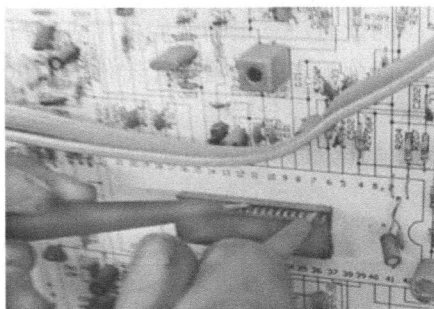

图 2-31　检测非在路集成电路　　　图 2-32　检测在路集成电路

1）根据引脚在路阻值的变化判断 IC 的好坏。用万用表电阻挡测量集成电路各引脚对地的正、负电阻值，然后与标准值进行比较，从中发现问题。

2）根据引脚电压的变化判断 IC 的好坏。用万用表的直流电压挡依次检测在路集成电路各引脚对地的电压，在集成电路供电电压符合规定的情况下，如有不符合标准电压值的引脚，再查其外围元器件，若无损坏或失效，则可认为是集成电路的问题。

3）根据引脚波形的变化判断 IC 的好坏。用示波器观测引脚的波形，并与标准波形进行比较，从中发现问题。

事实上，最简便的方法是用同型号的集成电路进行替换试验，只是拆焊过程比较麻烦。

技能训练

一、训练内容

半导体器件的识别与测试。

二、设备、工具和材料准备

设备、工具和材料准备见表 2-10。

表 2-10　所用材料和仪表

材料与仪表	数　量
有或无标记的好、坏二极管	各 5 只
有或无标记的好、坏晶体管	各 5 只
万用表	1 块

三、操作步骤

1）测试有标记的二极管的极性、性能及好坏，然后测试有标记的晶体管的管型、引脚、性能及好坏，将上述测试结果与实际标记相对照。

2）测试无标记的二极管的极性、性能和好坏，再测试无标记的晶体管的管型、引脚、性能和好坏。

3）训练完毕，根据自己的情况写出训练报告。

4）注意事项：

①测量时注意正确选用万用表的量程，一般用 $R \times 100$ 和 $R \times 1k$ 挡。

②训练报告中要写出元器件的测试方法，测试的难点与收获。

四、成绩评分标准

成绩评分标准见表 2-11。

表 2-11　成绩评分标准

序号	项目内容	评分标准	配分	扣分	得分
1	二极管的识别与测试	（1）不会判别引脚及好坏扣 25 分 （2）不会识别扣 25 分	50		
2	晶体管的识别与测试	（1）不会判别引脚及好坏扣 25 分 （2）不会识别扣 25 分	50		
3	时间	1h			

项目 2.3　其他电子元器件的检测

项目目的

1）掌握各种电子元器件的识别技能。

2）熟练进行发光二极管、光敏器件和数显器件的测试。

项目内容

发光二极管、光敏器件和数显器件的识别及简易测试。

相关知识点析

光电器件的种类有很多，大致可分为三类：发光二极管、光敏器件和数显器件。

一、发光二极管（LED）的识别和检测

发光二极管是采用磷化镓或磷砷化镓等半导体材料制成的，是直接将电能转换为光能的结型发光器件。它可以用作指示器、光电传感器、测试装置、遥测遥控设备等。按其波长，可将其分为激光二极管、红外发光二极管与可见光发光二极管（包括普通、电压控制型及闪烁发光二极管）。

1. 普通发光二极管

（1）种类和特性　发光二极管与普通二极管一样也是由 PN 结构成的，并具有单向导电性。当给其施加 2～3V 正向电压，只要有正向电流通过时，它就会发出可见光。发光二极管可按制造材料、发光色别、封装形式和外形等分成许多种类。现在比较常用的有圆形、方形、矩形、有色透明型和散射型；发光颜色以红、绿、黄、橙等单色型为主，也由一些能发出 3 种颜色的变色发光二极管。圆形发光二极管的外径从 $\phi1～\phi20$mm 多种规格，常见的有 $\phi3～\phi5$mm 两种。

发光二极管具有工作电压低、功率小、发光稳定、体积小、使用寿命长等优点，因此广泛应用于音响设备的电平指示器和电源指示器。

常见普通发光二极管的外形及电路符号如图 2-33 所示。常见的"红—绿—橙"变色发光二极管的外形及电路符号如图 2-34 所示，其内部两根二极管采用共阴极接法，K 为公共阴极，R 为发红光管 VL1 的正极，G 为发绿光管 VL2 正极。

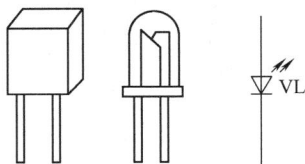

图 2-33　普通发光二极管

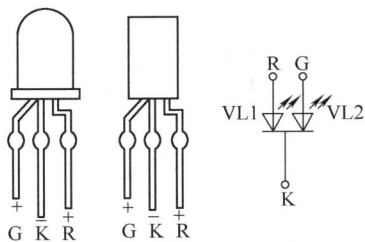

图 2-34　变色发光二极管

（2）型号和主要参数　发光二极管的型号比较多，其中国产部标型号为 FG ××××
×；常见厂标型号有 BT×××、2EF×××、LED××× 等。一般使用场合，只要外形和
发光颜色相符，多数不同型号的发光二极管均可互换使用。对某些特殊型号的发光二极管，
可查阅相关产品手册或资料后再选用。

小电流发光二极管的主要参数有电学和光学两类参数。电学参数主要有：工作电流、最
大工作电流、正向压降和反向耐压。这些参数的意义和普通二极管的相应参数的意义相当。
小电流发光二极管的工作电流不宜过大，最大工作电流值不大于 50 mA，正向起辉电流近似
等于 1mA，测试电流为 10～30mA。它的正向压降一般约 1.5～3V；反向耐压一般小于 6～
10V；光学参数主要有：发光波长、发光亮度等。可见光发光二极管的波长在 500～700nm
之间。发光二极管的光通量一般用 mlm 表示，该数值越大，说明亮度越强。

2. 电压型发光二极管

电压型发光二极管属于电流型控制器件，使用时必须串联限流电阻
才能正常发光，这给设计和安装带来了不便。新研制出的 BTV 电压型
发光二极管成功地解决了这种问题。BTV 的外形与普通 LED 相同，但
在管壳内除发光二极管外，还用集成工艺制成一个限流电阻与发光二极
管串联，引出两个极，如图 2-35 所示。使用时只要加上额定电压，即
可正常发光。

该系列产品的电压标称阻值有 6 种，即 5V、9V、12V、15V、
18V、24V。发光颜色有红、黄、绿色。

BTV 可代替普通发光二极管作为电源指示灯、电平显示器、闸门
指示或越限报警指示。使用 BTV 需要注意的是：

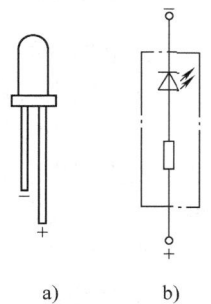

图 2-35　电压型发
光二极管
a）外形　b）内部电路

1）使用时正负极不得接反。

2）必须在额定电压下使用，低于额定值时亮度会降低；超过额定值则可能损坏管子。

3）在电路中应尽量远离发热元器件。

3. 闪烁发光二极管

（1）外形和结构　闪烁发光二极管是一种光电结合的产品。其外形与普通发光二极管相
同，但从侧面可看到管芯上有一条短黑带。该管有两种引出方式：一种是长引线为正极，另
一种短引线为正极，如图 2-36a 所示。闪烁发光二极管由一块 IC 电路和一只发光二极管组
成，如图 2-36b 所示，其中 IC 电路框图如图 2-37 所示。

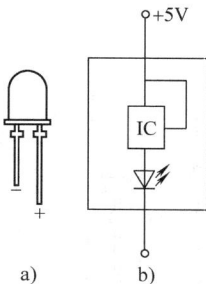

图 2-36　闪烁发光二极管
a）外形　b）内部电路

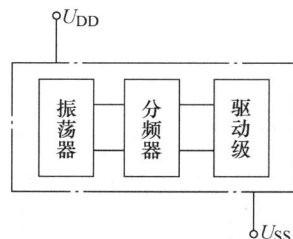

图 2-37　闪烁发光二极管 IC 电路框图

（2）使用注意事项 闪烁发光二极管系列采用 $\phi5mm$ 环氧树脂全包封形式，颜色有红、橙、黄、绿4种。闪烁发光二极管可作为报警电路（如构成温度、压力、液位的越限报警器）、节日彩灯、电子胸花等。使用闪烁发光二极管，应注意以下事项：

1）使用时正负极不得接反。

2）工作电压一般为 3~5V。

3）在电路中应尽量远离发热元器件。

4）焊接时温度不宜过高，应用镊子夹住引脚根部，以利于散热；焊接过程中要求管体不应受力。

4. 红外发光二极管

红外发光二极管（IRED）发出的光波是不可见的，其峰值波长约为40nm，属于红外波段，与一般半导体硅光敏器件的波长900nm相近，较为匹配。从波长角度看，选用红外发光二极管来触发硅光敏器件，是最理想的。

红外发光二极管的电路符号和外形与普通LED相同，如图2-38所示。

红外发光二极管与钨丝灯相比，具有体积小、寿命长、功耗小、响应速度快、耐振动和耐冲击等优点。因此，尽管它存在有方向性、受环境温度影响及价格高等缺点，但在光电控制中基本上取代了钨丝灯。

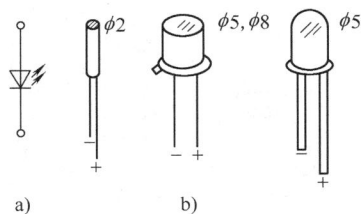

图 2-38 红外发光二极管的
电路符号和外形
a) 符号 b) 外形

红外发光二极管是在正向电压下工作的，它的正向特性与普通二极管一样。对它施加几伏正向电压后，就会发出不可见的红外光了，当这束光被硅光敏器件接收时，就会使硅光敏管有电流流出，使光控晶闸管导通。红外发光二极管除了作为分立器件与光敏器件配合使用外，现在更多的是把它和光敏器件制成一体，成为光耦合器和光断路器。

红外发光二极管是电流控制器件，且工作在正向电流状态下，因此发光强度随着正向电流的增加而增加。使用时，可在规定的极限正向电流内，选择一个最佳正向电流，使输出光功率尽可能大。

红外发光二极管一般使用半导体材料砷化镓制成的，而半导体材料的性能会受环境温度的影响。若温度升高，将使红外发光二极管的输出功率降低；反之，低温下可使光输出功率升高。但是，由于红外发光二极管总是与光敏器件一起使用，温度升高时光敏器件输出的光电流也会升高，红外发光二极管的输出光功率下降，使相对传输比随环境温度的变化不十分明显。

5. 激光二极管

激光二极管是将电能直接转换为激光束的器件，广泛应用于激光唱机及激光影碟机的激光头内。激光二极管按波长和功率分类已形成系列，并继续向短波和大功率发展。

（1）外形和封装 可见光半导体激光二极管TOLD9211，又称为红光半导体激光二极管，用字母V表示，其外形如图2-39所示，内部封装如图2-40所示。

激光二极管的核心是芯片，在同一半导体芯片上制作有激光二极管（LD）V1和光敏二极管（PD）V2。由图2-41不难看出：V1芯片上的阴极电极与引脚1相连，阳极与管壳即引脚2（公共脚）连接；V2的阴极与引脚2相连，阳极与引脚3相连。图2-41给出了激光二极管的等效电路，对 V1 来说是正向接法，对 V2 来说是反向接法，引脚 2 接正电位。与 V1 串联的限流电阻 R 控制 V1 的工作电流，即控制管子的发光功率。V2 受光后转换出的光电流在串联电阻上的电压信号可以反映出发光功率的大小，因此添加反馈控制电路即可达到稳定输出光功率的目的。V1 和 V2 封装在一个管壳内是激光二极管的一大特点。

（2）激光二极管的引脚判别　激光二极管的引脚排列方式如图 2-42 所示。确定其引脚排列方向时可用万用表 $R \times 1k$ 挡，像判断普通晶体管引脚极性那样进行。不过由于激光二极管的正向压降大，当其 PN 结正向连接时，在万用表 $R \times 1k$ 挡上指针仅微略偏转（如先锋 250 影碟机激光管，实测其正向阻值约 19kΩ，反向阻值∞）。

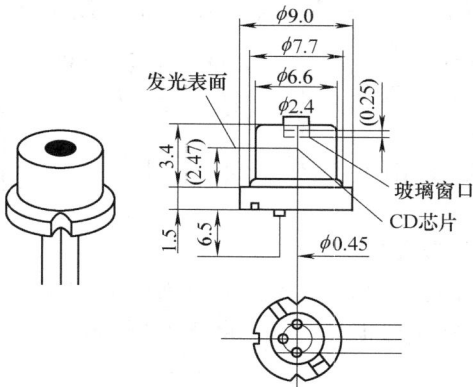

图 2-39　红光半导体激光二极管

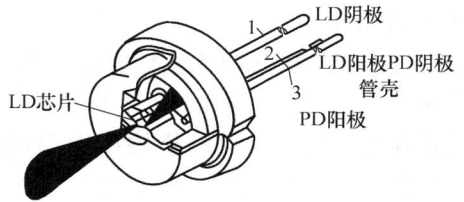

图 2-40　红光半导体激光二极管内部封装

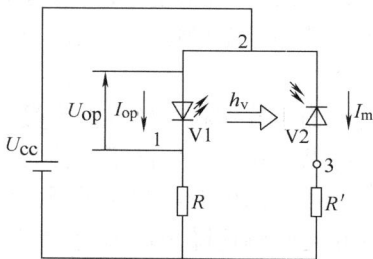

图 2-41　半导体激光二极管内部等效电路

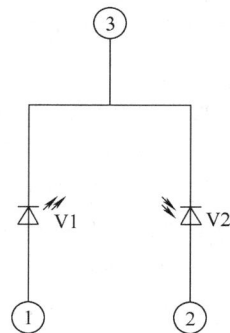

图 2-42　激光二极管的引脚判别

（3）使用注意事项　检测更换激光二极管时应注意以下几点：

1）注意防静电。在拿取管子或焊接引脚时，手臂上一定要佩戴上接地腕带，谨防人体所带静电击穿管子。

2）焊接时电烙铁的外壳也应进行接地处理，且焊接时间要短，一般小于 5s，焊接最高温度为 260℃。

3）调整激光二极管的工作电流，使其不超过最大值，这样既可以保证所需的发光强度，又可以防止调整过程中出现断线等情况，否则会烧坏管子。

4）防止激光光束伤害眼睛。激光头工作时，不得直接或通过反射观看光源，以免伤害眼睛。按国际惯例，激光头应粘贴警告标签。

二、光敏器件

常用的半导体光敏器件有光敏电阻、光敏二极管、光敏晶体管等。光敏器件应用广泛，发展迅速。

1. 光敏电阻

它利用半导体的光致导电特性制成，是无结器件。常用的光敏电子材料有硫化镉（CdS）、硒化镉（CdSe）和硫化铅（PbS）等。目前生产和应用最多是 CdS 光敏电阻。光敏电阻的结构、外形、符号如图 2-43 所示。

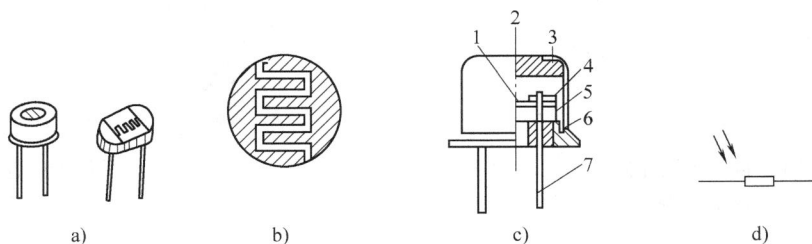

图 2-43　带金属外壳的光敏电阻

a）外形　b）导电层　c）结构　d）符号

1—光导层　2—玻璃窗口　3—金属外壳　4—电极（In、Sn）　5—陶瓷基座　6—黑色绝缘玻璃　7—电极引线

2. 光敏二极管和光敏晶体管

光敏二极管的构造和普通二极管十分相似。其不同点是：管壳上有入射光窗口，当施加反向工作电压，无光照射时，反向电阻较大；有光照射时，反向电流增加。目前用的最多的是硅材料制成的 PN 结型，主要用于计算机和光纤通信中。

光敏晶体管也是靠光的照射来控制电流的器件。其可等效为一个光敏二极管和一只晶体管，所以它也具有放大作用，如图 2-44 所示。一般只引出了集电极和发射极，其外形和光敏二极管相似。有的基极也有引出线，作为温度补偿用。

光敏晶体管也可用万用表测量，用万用表 $R \times 1$ 挡检测正、反向电阻，用黑表笔接集电极，红表笔接发射极，无光照射时电阻为∞，在白炽灯照射下，阻值可减少至几千欧以下。若将表笔调换，无论有光照或无光照，阻值皆趋向∞，如图 2-45 所示。

3. 光耦合器

光耦合器是一种光电结合的半导体器件，由发光器和受光器组成的一个"电—光—电"器件。当输入端有电信号输入时，发光器发光，受电器受到光照后产生电流，输入端就有电信号输出，实现了以光为媒介的电信号传输。这种电路使输入端与输出端无直接电气联系，实现两端的电隔离，因而有优良的抗干扰能力，广泛用于脉冲耦合电路。

发光二极管和光敏晶体管光耦合器的结构符号如图 2-46 所示。F、E1 为输入端，C、E2 为输出端。光耦合器的外形如图 2-47 所示。

　　光耦合器的检测分为静态检测和性能检测。由于光耦合器中的发光二极管与光敏晶体管是相互独立的,可以用万用表单独检测这两部分。

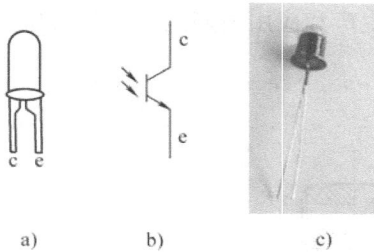

图 2-44　光敏晶体管
a）外形　b）图形符号　c）实物

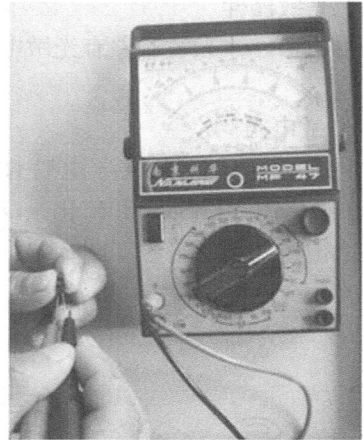

图 2-45　光敏晶体管的检测

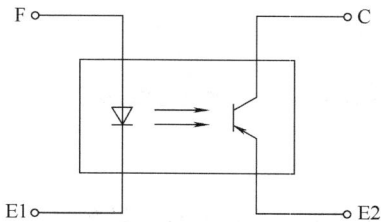

图 2-46　发光二极管和光敏晶
体管光耦合器的结构符号

图 2-47　光耦合器的外形

　　1）用万用表 $R \times 100$ 或 $R \times 1k$ 挡测量发光管的正、反向电阻值。正常正向阻值为几百欧,反向阻值为几千欧至几十千欧;如果测量结果是正反向阻值接近,表明发光二极管欠佳或损坏。注意:在测量过程中不能使用 $R \times 10k$ 挡（内部电池为 $9 \sim 15V$）,因为发光二极管的工作电压一般为 $1.5 \sim 2.3V$,若使用该挡会导致发光二极管击穿,如图 2-48 所示。

　　2）用万用表 $R \times 100$ 或 $R \times 1k$ 挡测量光敏晶体管的集电结和发射结的正、反向电阻值时,均应呈单向导电特性。然后检测其穿透电流 I_{CEO};将黑表笔接集电极、红表笔接发射极,表针应有微动;对调两表笔再次测量,表针应不动,即正反向测量其阻值均为无穷大,否则光敏晶体管已

图 2-48　测量发光管的
正、反向电阻值

损坏。

3）用万用表 $R \times 10k$ 挡测量发光二极管和光敏晶体管的绝缘电阻，均应为 ∞ 。发光二极管和光敏晶体管只要有一个器件损坏，或它们之间绝缘电阻不良，则该光耦合器就不能正常使用。

技能训练

一、训练内容

发光器件与光敏器件的识别与测试。

二、设备、工具和材料准备

设备、工具和材料准备见表 2-12。

表 2-12 所需设备、工具和材料

序　号	材　　料	型　　号	数　　量
1	普通发光二极管	FG	2 只
2	变色发光二极管	自定	2 只
3	红外发光二极管	GL	2 只
4	光敏二极管	2CU	2 只
5	光敏晶体管		2 只
6	LED 数码管	共阴极/共阳极	2 只
7	LCD 显示器		2 只
8	干电池	1#	2 只
9	软铜导线		若干
10	电阻器	限流电阻	2 只
11	电容器	$\geqslant 100 \mu F$	2 只
12	万用表	模拟式/数字式	各 1 只

三、操作步骤

1. 发光二极管的检测

1）用直观法（引脚的长短或内部结构）识别发光二极管的正、负极性。

2）用万用表检测低压型发光二极管的正、负极性。

3）用万用表检测高压型发光二极管的正、负极性。

①用串联 1.5V 干电池法检测。

②用串联电容法（ $\geqslant 100 \mu F$ ）检测。

③用双万用表法检测。

4）检测变色发光二极管的 G、K、R 引脚。

2. 红外发光二极管的检测

1）用直观法判别红外发光二极管、红外光敏二极管和光敏晶体管；如不能用直观法判别的，可用万用表检测正反向电阻，以示区别。

2）用直观法或万用表检测正反向电阻，以识别出红外发光二极管的正负引脚。

3）用万用表检测红外发光二极管的正反向阻值以判别质量的好坏，或用万用表正向连接一只光敏二极管来检测在路红外发光二极管的发射有效性。

3. 光敏二极管和光敏晶体管的检测

1）分别用电阻检测法、电压测量法和短路电流法来判别光敏二极管的好坏。

2）光敏晶体管的检测方法与光敏二极管的相同。

4. LED 数码管的检测

1）用外接干电池法判别共阴极（或共阳极）LED 数码管的引脚及性能。

2）用数字式万用表判别共阴极（或共阳极）LED 数码管的性能好坏。

四、成绩评分标准

成绩评分标准见表 2-13。

表 2-13　成绩评分标准

序　　号	项目内容	评分标准	配分	扣分	得分
1	普通发光二极管的识别与测试	（1）不会判别引脚及好坏扣 5 分 （2）不会识别扣 5 分	15		
2	红外发光二极管的识别与测试	（1）不会判别引脚及好坏扣 5 分 （2）不会识别扣 5 分	15		
3	光敏二极管、光敏晶体管的识别与测试	（1）不会用指定检测方法或检测错误扣 10 分 （2）检测方法或检测错误扣 5 分	30		
4	LED 数码管的识别与检测	（1）不会用加电法和数字万用表检测 LED 管扣 10 分 （2）不会用 LED 显示器进行引脚识别扣 10 分	30		
5	安全文明生产	违反安全文明生产规定扣 1-10 分	10		

模块三 电子基本操作技能

项目3.1 印制电路板的安装与焊接

项目目的

1）熟悉印制电路的制作工艺。

2）掌握电子电路的装配工艺。

项目内容

印制电路板的安装与焊接。

相关知识点析

一、印制电路板及其制作

印制电路板简称印制板或 PCB。电子产品都是由不同电子元器件组成的，而这些元器件的载体和相互连接所依靠的正是印制电路板。熟悉有关印制电路板的基础知识，掌握其制作及加工工艺，是学习电子产品整机装配工艺技术的基本要求。

1. 印制板概述

（1）印制 是指采用某种方法在一个表面上再现图形和符号的工艺，它包含通常意义上的印刷。

（2）印制线路 是指采用印制法在基板上制成的导电图形，包括印制导线、焊盘等。

（3）印制元件 是指采用印制法在基板上制成的电路元件，如电感、电容等。

（4）印制电路 是指采用印制法得到的电路，它包括印制线路和印制元件，或由两者组合成的电路。

（5）敷铜板 由绝缘基板和粘贴在上面的铜箔构成，是制造印制电路板的主要材料。

（6）印制电路板 是指完成了印制电路或印制线路加工的板子。

（7）印制电路板组件 是指安装了元器件或其他部件的印制板部件。

2. 印制板的分类

常见的印制板按结构可分为单面板、双面板和多层板。单面板是指仅一面上有导电图形的印制板。双面板是指两面都有导电图形的印制板。多层板是指有 3 层或 3 层以上导电图形和绝缘材料层压合成的印制板。印制板按力学性能又可分为刚性和柔性两种。柔性印制板又称为软性印制板或挠性印制板，它是以软层状塑料或其他软质绝缘材料为基板制成的印制板，具有能折叠、弯曲、自身可端接，以及三维空间排列等特点。该印制电路板在计算机、自动化仪表、通信设备中应用日益广泛。

其中，敷铜板是用腐蚀铜箔法（减成法）制作印制电路板的主要材料，就是把一定厚度的铜箔通过粘接剂热压在一定厚度的绝缘基板上。它的分类、用途和特点见表3-1。

表 3-1　敷铜板的分类、用途和特点

分　　类	类　　型	用途和特点
根据材料分类	敷铜箔酚醛纸层压板	用于一般无线电及电子设备中。它价格低廉、易吸水，在恶劣的环境下不宜使用
	敷铜箔酚醛玻璃布层压板	用于温度、频率较高的电子及电子设备中。它价格适中，可达到满意的电性能和力学性能要求
	敷铜箔环氧玻璃布层压板	它是孔金属化印制板常用的材料，具有较好的冲剪、钻孔性能，且基板透明度好，是电气性能和力学性能较好的材料，但价格较高
	敷铜箔聚四氟乙烯层压板	它具有良好的抗热性能和电性能，用于耐高压的电子设备中
根据导电图形的层数划分	单面板	单面板一般由一面敷铜的绝缘板组成，如图3-1a所示。一般包括接面和元件面两大部分
	双面板	双面板由两面敷铜的绝缘板组成，如图3-1b所示，它包括底层（焊接面）和顶层（元件面）。由于可以两面走线，所以布线相对容易，价格适中，应用较为广泛
	多层板	多层板由数层绝缘板和数层导电铜膜压合而成，除了顶层和低层之外，还包括中间层、内部电源层和接地层。在多层板中，导电层的数目一般为4、6、8、10等，它布线容易，但制作工艺复杂，产品合格率相对较低，生产成本高，主要适用于复杂的高密度布线场合组成。一个典型的4层印制电路板如图3-1c所示

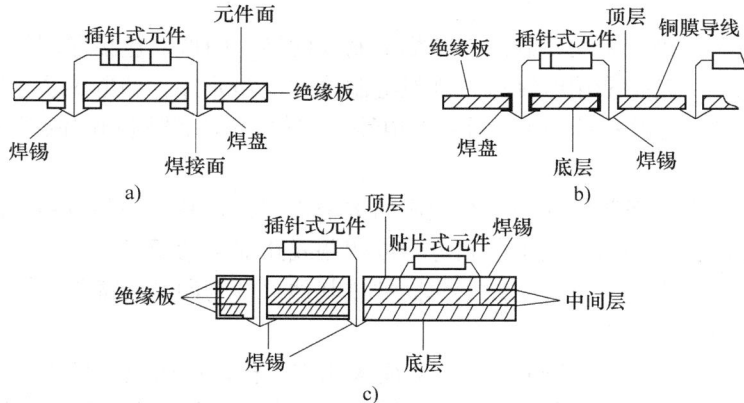

图 3-1　各种印制电路板的结构

a）单面板　b）双面板　c）4层印制电路板

3. 印制板制作工艺

（1）制作基本环节　印制板的制造工艺随印制板类型和要求的不同而不同，但在不同的工艺流程中，必须具有以下基本环节：

基本操作步骤为绘制照相底图、照相制板、图形转移、蚀刻、金属化孔、金属涂敷标、涂助焊剂与阻焊剂。

制作过程中的基本环节如图3-2所示。

（2）印制板的生产工艺

1）单面板的生产流程为：

敷铜板下料→表面去油处理→上胶→曝光→显影→固膜→修版→蚀刻→去保护膜→钻孔→成型→表面涂敷助焊剂→检验。

2）双面板的生产流程为：

下料→-钻孔→化学沉铜→电镀铜加厚（不到预定的厚度）→贴干膜→图形转移（曝光\显影）→二次电镀加厚→镀铅锡合金→去保护膜→腐蚀→镀金（插头部分）→成型热烙→印制助焊剂及文字符号→检验。

（3）印制板的检验 印制板作为基本的电子部件，制成后必须通过必要的检验才能进入装配工序。尤其是批量生产中对印制板进行检验是产品质量和后面工序顺利进行的重要保证。

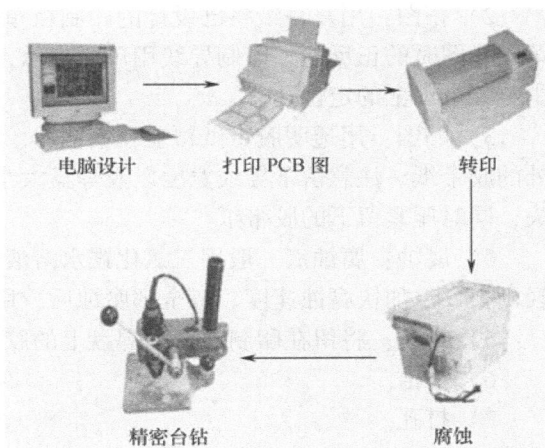

图3-2 制作印制电路板的基本环节

1）目视检验。目视检验简单易行，借助一些简单工具，如直尺、卡尺、放大镜等，对要求不高的印制板可以进行质量把关。主要检验内容如下：

① 外形尺寸与厚度是否在要求的范围内，特别是与插座导轨配合的尺寸。

② 导电图形是否完整和清晰，有无短路、断路和毛刺等。

③ 表面质量：有无凹痕、划伤、针孔及表面粗糙。

④ 焊盘孔及其他孔的位置及孔径是否符合要求，有无漏钻或钻偏现象。

⑤ 镀层质量：镀层是否平整光亮，有无凸起缺损。

⑥ 涂层质量：阻焊剂是否均匀牢固，位置是否准确，助焊剂是否均匀。

⑦ 板面是否平直，有无明显翘曲。

⑧ 字符标记是否清晰、干净，有无渗透、划伤和断线。

2）连通性检验。使用万用表对导电图形的连通性能进行检测，重点是双面板的金属化孔和多层板的连通性能。

3）绝缘性检验。检测同一层不同导线之间或不同层导线之间的绝缘电阻，以确认印制板的绝缘性能。检测时应在一定湿度和温度下按印制板标准进行。

4）可焊性检验。检验焊料对导电图形的润湿性能。

5）镀层附着力检验。检验镀层附着力可采用胶带试验法。将质量好的透明胶带粘贴到要测试的镀层上，按压均匀后快速掀起胶带一端扯下，镀层无脱落为合格。

此外，还有铜箔抗剥强度、镀层成分、金属化孔抗拉强度等多种指标，可根据印制板的要求选择检测内容。

（4）手工制作印制板 在样机尚未定型的试制阶段或在课程设计过程中，经常需要手工制作印制板。因此，掌握手工自制印制板方法很有必要。手工制作有：漆图法、贴图法、铜箔粘贴法。常用的贴图法的操作步骤如下：

1）下料：按实际设计尺寸裁剪覆铜板，要求四周去除毛刺。

2）拓图：用复写纸将已设计的印制板布线草图拓印在干净的覆铜板的铜箔面上。注意草图拓图时的正反面，印制导线用单线表示，焊盘用小圆点表示。拓双面板时，板与草图至少有三个以上的定位孔。

3）贴图：用透明胶带纸覆盖在铜箔面，用刻刀和尺子去除拓图后留在铜箔面的图形以外的胶带纸。注意留下导线宽度以及焊盘大小尺寸，防止焊盘过小而在钻孔时使焊盘位置消失，同时压紧留下的胶带纸。

4）腐蚀：腐蚀液一般用三氯化铁水溶液，浓度为30%～40%，温度适当，并用排笔轻轻刷扫，以加快腐蚀速度。待全部腐蚀后，用清水清洗。

5）揭膜：将留在印制导线和焊盘上的胶带纸揭去。

6）清洁。

7）打孔。

8）涂助焊漆：用已配制好的松香酒精溶液对印制导线和焊盘涂助焊漆，使板面得到保护，并提高可焊性。

二、印制电路板组装工艺流程及要求

印制电路板组装工艺是将电子元器件按一定方向和次序装插（或贴装）到印制电路板规定的位置上，并用紧固件或锡焊把元器件加以固定的过程。

电子产品的部件装配中，印制电路板上需要装配元器件的数量多、工作量大，因此电子产品批量生产都采用流水线进行印制电路板组装，以提高装配效率和质量。目前我国电子产品的生产流水线有几种形式：第一种是手工装插、手工焊接，这种方式只用于小批量生产。第二种是手工装插、自动焊接，生产效率和质量都较高，适合大批量生产；第三种是大部分元器件由机器自动装插、自动焊接，这种方法适合于大规模、大批量生产；第四种是由机器自动贴装、自动焊接，这种方式适用于片式元器件的表面安装。

1. 电子元器件的安装方式

电子元器件在电路板上的安装方式主要有立式和卧式两种。

（1）立式安装　如图3-3a所示，元器件全部直立于电路板上，此时应注意将元器件的标志朝向便于观察的方向，以便校核电路和维修。由于元器件立式安装时占用电路板平面的面积较小，有利于缩小整机电路板面积。

（2）卧式安装　如图3-3b所示，元器件全部横卧于电路板上，同样应注意将元器件的标志朝向便于观察的方向，以便校核电路和日后维修。元器件卧式安装时可以降低电路板上的安装高度，在电路板上部空间距离较小时很适用。根据整机的具体空间情况，有时一块电路板上的元器件往往混合采用立式安装和卧式安装两种方式。

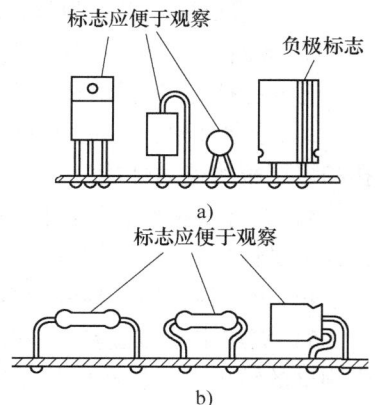

图3-3　电子元器件的安装方式
a）立式安装　b）卧式安装

2. 元器件插装方式及插件流水线

（1）元器件插装方式　目前，印制板上元器件的插装有手工插装和自动插装两种方法。

1）手工插装方法有两种：一种是一块印制板所需要的全部元器件均由一个人负责插装；另一种是采用传送带方式的多人插装。由于手工插装方法简单易行，使用的设备少，因此得到了广泛的应用，只是误插率较高。

2）自动插装方法又分为手工定位、自动插装和自动定位、手工插装等半自动方法或全自动方法。采用自动插装机插装元器件的最大优点是生产效率高和误插率极低。自动插装的缺点是设备的成本高，对元器件的形状有一定的要求，个别元器件不能采用自动插装。

（2）插件流水线　插件流水线作业是把印制电路板组装的整体装配分解为各个工位的简单装配，每个工位固定插装一定数量的元器件，使操作过程大大简化。

插件流水线分为非强迫式和强迫式两种节拍形式。非强迫节拍形式是在操作时，插装工人按规定进行人工插装，然后在流水线上传递。每个工位插装元器件的时间限制不严格，生产效率较低。强迫节拍形式是插件板在流水线上连续运行，要求每个工位在一定时间范围内把所需插装的元器件准确无误地插到印制电路板上。这种形式带有一定的强制性，以链带传送的流水线就属于此类型的流水线。决定一条流水线工位设置的多少时，要考虑到产品的复杂程度、生产量、人员情况等因素。每个工位装插元器件数量过少势必增加工位数目；而插装元器件过多又容易发生漏插、错插事故，进而降低插件质量。所以在选择分配每个工位的工作量时，应留有适当的余地，既要保证一定的劳动生产效率，又要保证产品质量。每个工位中插装的元器件数量约为 10～15 个。

印制电路板上装元器件的路线有两种：一种是把相同品种、相同规格的元器件集中在一起装插，另一种是按电路流向分区、分块插装各种规格的元器件。前一种路线因元器件规格品种趋于单一，不易插错。但插装位置遍布整块电路板，插装范围大，使插装速度降低。当产品品种更换较快时，插装位置变化大也容易出现插错现象。所以，一般采用后一种路线，因为它的插装范围比较小，工作时容易熟悉电路的插装位置，不易出现插错现象，尤其适合大批量，多品种且产品更换频繁的生产线。

为了提高元器件插件量和效率，印制电路组装流水线已使用元器件自动装插机。而一些不易自动插装的较大元器件、集成电路等应在流水线上进行手工插装。

3. 元器件插装技术

（1）插装准备与元器件引脚成形

1）插装准备：

① 元器件的整形。为了保证波峰焊焊接质量，元器件装插前必须进行引脚整形。一般过程是：刮脚→浸焊→整形。

② 印制电路板铆孔。重量比较大的元器件在印制电路板上的装插孔要用铜铆钉加固，防止元器件插装焊接后，因振动等原因而发生焊盘剥脱损坏现象。

③ 装散热片。大功率的晶体管、功放集成电路等需要散热的元器件要预先做好散热片的装配准备工作。

2）元器件引脚成形：元器件引脚成形主要起提高生产效率和使安装到印制板上的元器件整齐美观的作用。

图 3-4 所示为印制板上装配元器件的部分实例，其中大部分需要在装插前弯曲成形。弯

曲成形的要求取决于元器件本身的封装外形和印制板上的安装位置，有时也因整个印制板安装空间限定元器件安装位置。

对元器件引脚成形要注意以下几点：

① 所有元器件引脚均不得从根部弯曲。因为制造工艺上的原因，根部容易折断，一般应留 1.5mm 以上，如图 3-5 所示。

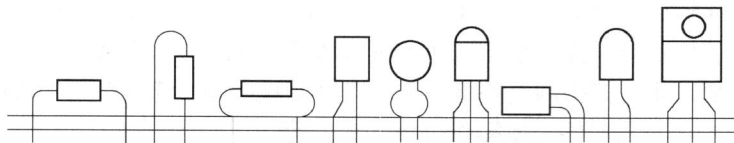

图 3-4　印制板上元器件引脚成形

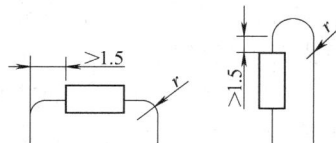

图 3-5　元器件引脚弯曲

② 引脚弯曲一般不要成死角，圆弧半径应大于引脚直径的 1~2 倍，如图 3-6 所示。

③ 要尽量将元器件有字符的面置于容易观察的位置，如图 3-7 所示。

④ 对于卧式安装，两引脚左右弯折要对称，引出线要平行，其间的距离应与印制电路板两焊盘孔的距离相等，以便插装。

⑤ 对自动焊接方式，可能会出现因振动元器件歪斜、浮起缺陷，宜采用具有弯弧形的引脚。

⑥ 晶体管及其他在焊接过程中对热敏感的元器件，其引脚可做成圆环形，以加长引脚，减少热冲击。

（2）一般元器件的插装方法及要求　电子产品常见的一般元器件有电阻器、电容器、晶体管等。在流水线上进行印制电路板元器件的插装时，要把握印制电路板结构和元器件特点，采取不同工艺方法，才能满足插装质量，获得较好效果。

1）元器件的插装应遵循先小后大、先轻后重、先低后高、先里后外的原则，这样有利于插装的顺利进行。

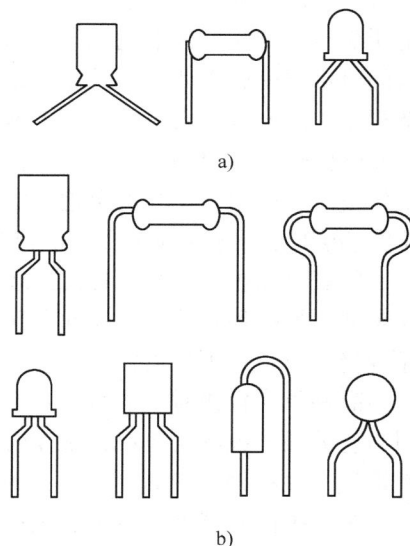

图 3-6　电子元器件引脚的成形
a）引脚不可齐根折弯
b）引脚正确折弯的形状

2）水平插装时，当元器件引脚之间的距离大于或小于印制刷板上的安装孔距时，应先将引脚弯成一定形状，并根据需要加装套管，然后再装置。

3）涤纶电容、瓷介、云母电容、电解电容及晶体管等元器件立式插装时，引脚不能保留太长，否则会降低元器件的稳定性；但也不能过短，以免焊接时因过热而损坏元器件。一般要求距离板面 2~3mm，并注意电解电容的正、负极性不能插错。

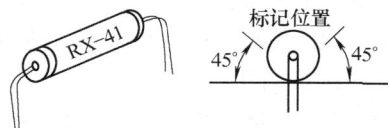

图 3-7　注意标记位置

4）由于整机产品的印制电路板集中了各种电路。如彩色电视机的机芯主板，既有高、低频电路，又有高、低压电路。为保证整机产品的安全用电标准，对电源电路和高压电路部分，必须注意保持元器件之间的最小放电现象，一般元器件的安装高度和倾斜范围如图3-8所示。

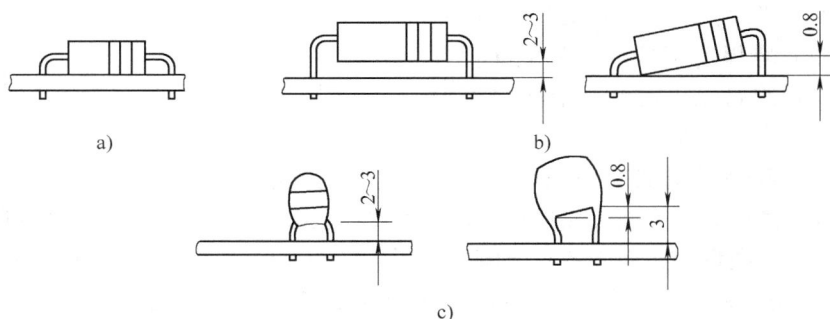

图3-8 一般元器件的安装高度和倾斜范围
a）功率小于1W的电阻器 b）功率大于或等于1W的电阻器 c）径向引脚电容器

5）元器件的引线加绝缘套可以防止元器件接触短路，尤其是高压电路部分的元器件加上绝缘套可以增加电气绝缘性能，增强元器件的力学强度。元器件引脚加绝缘套管的方法如图3-9所示。

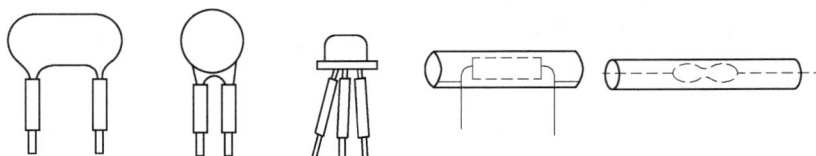

图3-9 元器件的引脚加绝缘套管的方法

6）印制电路板插装元器件后，元器件的引线穿过焊盘应保留一定的长度，对于引线先剪后焊的方法，剪脚时必须使元器件引线露出焊盘多于2mm。

（3）特殊元器件的装插方法及要求 在电子元器件的装插中，对一些体积、重量较大的元器件、集成块等，要应用不同的工艺方法，以提高特殊元器件的装插质量及改善电路性能。

1）大功率晶体管、电源变压器、彩色电视机高压包等大型元器件的装插要用铜铆钉加固。体积、重量都较大的电解电容器，其引脚强度不够，容易发生元件歪斜、引脚折断及焊点盘损坏的现象。这类元件的装插除用铜铆钉加固外，还要用黄色硅树脂胶粘剂将其底部粘贴在印制电路板上。

2）中频变压器及输入、输出变压器均带有固定的插脚，插入电路板的插孔后，将固定插脚压倒并锡焊固定。较大电源变压器则采用螺钉固定，并加弹簧垫圈以防止螺母、螺钉松动。对于金属大功率管、变压器等自身重量较大的元器件，仅仅依靠引脚的焊接已不足以支撑元器件的自身重量，应通过螺钉将其固定在电路板上，如图 3-10 所示，然后再将其引脚焊入电路板。

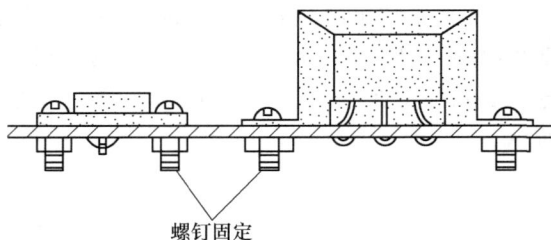

图 3-10　金属大功率管、变压器等自重较大元器件的安装

3）为防止助焊剂中的松香侵入元器件内部的触头而影响使用性能，对于一些开关、电位器等电子元器件，不宜进行波峰自动焊。这些元器件在波峰焊前不装插，只能在插装部位的焊盘上贴胶带纸，波峰焊后先撕下胶带纸，再插装这些元器件，进行手工焊接。

4）由于 CMOS 集成电路、场效应晶体管的输入阻抗很高，极易被静电击穿，所以插装这些元器件时，操作人员必须带接地环扣进行操作。已装插好这类元器件的印制电路板在流水线上传送时，传送带的背面嵌装有金属网以便于接地，可防止这些元器件被静电击穿。

5）集成电路的封装形式有晶体管封装、单列式封装、双列式封装和扁平封装。插装时要弄清引脚排列顺序，对准插孔位置，用力要均匀，不要倾斜，以防引脚折断或偏斜。

6）凡需要屏蔽的元器件（如电源变压器、电视机高频头、伴音中放集成块、遥控红外接收器等），屏蔽装置的接地应良好。

（4）导线的插装　为了加强导线在印制电路板上连接的可靠性，印制电路板上应设有专用的穿线孔，如图 3-11 所示，导线插装均应从印制电路板的正面（铜箔板一面）穿入线孔，并由反面穿出，再把导线芯线部分插入焊盘孔中进行焊接。穿孔的方法有两种：一种是一组导线共用一个穿线孔；另一种是一根导线用一个穿线孔。

印制电路板正面导线连接采用搭焊工艺，反面连接采用插焊工艺。屏蔽导线连接的穿线方法与一般导线相同，但屏蔽线应短于芯线，不管屏蔽线是否要求接地，都应当把端头焊牢，以防芯线受力拉断，如图 3-12 所示。

图 3-11　导线的插装

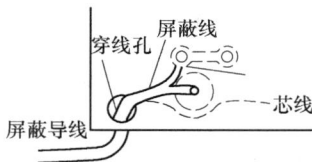

图 3-12　屏蔽线与印制板的连接

当导线较多或较长时，为了增加导线的可靠性，应采用塑料夹、金属固定卡、塑料搭扣等将导线捆扎起来。

三、印制电路板的焊接

随着电子产品的应用越来越广泛，对产品的可靠性和使用寿命等的要求也不断提高。而印制电路板的焊接质量直接影响着整机产品的各种性能。因此，在不断提高焊接工艺技能的同时，还要掌握印制电路板焊接时的注意事项，以及焊后处理等问题。

1. 注意事项

印制电路板的焊接，除遵循锡焊要领外，以下几点须特别注意：

1）电烙铁一般应选内热式 20～35W 或调温式，电烙铁的温度以不超过 300℃ 为宜。烙铁头的形状应根据印制板焊盘的大小采用圆斜面形、凿形或锥形。目前，印制电路板发展趋势是小型密集化，因此一般常用小型圆锥形烙铁头。

2）加热时应尽量使烙铁头同时接触印制板上铜箔和元器件引脚。对较大的焊盘（直径大于 5mm）焊接时可移动电烙铁，即将电烙铁绕焊盘转动，以免长时间停留一点导致局部过热。

3）两层以上电路板的孔都要进行金属化处理。焊接时不仅要让焊料润湿焊盘，而且孔内也要润湿填充。因此金属化孔加热时间应长于单面板。

4）焊接时不要用烙铁头摩擦焊盘的方法增强焊料润湿性能，而要靠表面清理和预焊。

5）耐热性差的元器件应使用工具辅助散热。

2. 焊后处理

1）剪去多余引线，注意不要对焊点施加剪切力以外的其他力。

2）检查印制电路板上所有元器件引脚焊点，修补缺陷。

3）根据工艺要求选择合适的清洗液对印制板进行清洗处理。一般情况下，使用松香焊剂后印制板不用清洗。

技能训练

一、训练内容

制作一个用三端稳压器组成的两路输出直流稳压电源的印制电路，并进行安装与调试，如图 3-13 所示。

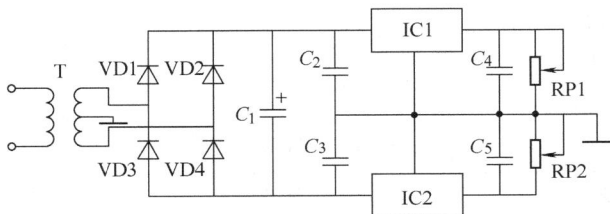

图 3-13　直流稳压电源电路

二、设备、工具和材料准备

设备、工具和材料准备见表 3-2。

表 3-2　工具、仪表及器材

序　号	名　称	型号与规格	数　量
1	电源变压器 T	220V/2×18、50V·A	1
2	整流二极管 VD1、VD2、VD3、VD4	2CZ57G	4
3	电解电容器 C_1	2200μF/63V	1
4	电解电容器 C_2、C_3、C_4、C_5	0.33μF/47V	2
5	可调电阻器 RP1、RP2	100Ω/20W	2

（续）

序　号	名　　称	型号与规格	数　量
6	开关 S1、S2	单刀单掷	2
7	集成电路	CW78150.5A	1
8	集成电路	CW7915	1
9	熔断器 FU2	0.05A	1
10	实验板		1
11	通用示波器		1
12	万用表		1
13	常用无线电工具	套	1
14	胶木板	5mm×50mm×50mm	1

三、操作步骤

1）首先按照电路画出草图，并绘制出照相底图。

2）按实际设计尺寸下料，根据印制板的手工操作工艺制作出印制电路板。

3）接通电源，按表 3-3 测量参数，并将结果记录在表中。

表 3-3　参数、测量记录

稳 压 系 数	输出电阻/Ω	波纹电压/mV

四、成绩评分标准

成绩评分标准见表 3-4。

表 3-4　成绩评分标准

序　号	项目内容		评 分 标 准	配分	扣分	得分
1	印制电路板制作		（1）地线分布不合理扣 3~5 分 （2）干扰处理不合理扣 5~10 分 （3）元件安装和布局不合理扣 5~10 分 （4）焊盘和导线不合理扣 5 分 （5）清洁不干净扣 5~10 分 （6）打孔不符合要求扣 5~10 分 （7）涂助焊剂不合理扣 5~10 分	60		
2	装配	接线	接线不正确，每处扣 2~3 分	20		
		排列	排列不整齐，扣 2~5 分			
		焊点	焊点毛糙扣 5 分 虚焊漏焊扣 10 分			
3	参数测量		参数测量不正确，每处扣 3 分	10		
4	安全、文明生产		每一项不合格扣 5 分	10		
5	工时		6h			

项目3.2 电子产品的整机安装

项目目的

1）熟悉电子产品的整机安装工艺。

2）熟悉电子产品的整机安装技能。

项目内容

电子产品的整机安装。

相关知识点析

元器件、零部件、组合件、整件的安装是电子整机产品装配生产过程中一个极其重要的环节，它直接影响电子产品整机的电气性能、机械性能及外观。本项目主要讨论电子产品整机的典型安装工艺和操作技能。

一、概述

1. 无线电整机装配工艺过程及总装工艺流程

（1）无线电整机装配过程 整机装配工艺过程大致可分为装配准备、装焊（包括安装和焊接）、总装、调试、检验、包装、入库或出厂等环节。

装配准备是在装配前对各种元器件、辅助件进行准备加工处理，如导线的加工、元器件引脚的成形、线扎的准备等。装配准备的作用是为保证总装中各道工序的装配质量、提高劳动生产率创造有利条件。

整机的安装通常是指用紧固件或粘合剂等将相关元器件和零部件、整件按图样要求装接在规定位置上。

整机的总装就是将组成整机的各个部分，经检验合格后，进行总装合成和连接。

整机在装配完毕后，必须进行整机调试，使整机达到规定技术指标的要求，保证产品性能稳定可靠。

由于产品的复杂程度、技术要求、设备条件、生产批量等条件的不同，整机装配的工艺也各不相同。优良的装配方案应根据具体条件，将上述各工序有效配合。小型、大批量生产的电子产品的装配工作，通常都在流水线上进行，在流水线上完成整机的安装、焊接、调试任务。检验人员应在流水线上进行检查，待产品检验合格后再包装入库。

（2）整机总装的工艺流程 整机总装的一般工艺流程如图3-14所示。总装前对焊接好的具有一定功能的印制电路板进行调试（也叫板调），调试合格后即可进入总装过程。在总装线上把具有不同功能的印制电路板安装在整机机架上，并进行电气性能指标的初步调试。调试合格后再把面板、机壳等部件进行合拢总装，然后检验整机的各种电气性能、力学性能和外观，待检验合格后进行产品包装和入库。

2. 安装基础知识

（1）安装的概念及分类

1）安装的概念：按照一定的方法把元器件、零部件、组合件、整件等固定在某一位置

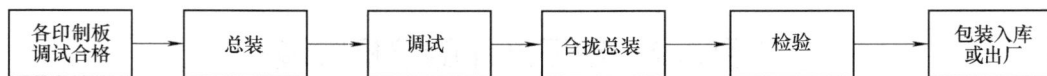

图 3-14　整机总装的工艺流程

上的过程称为安装。电子产品的安装是将各种零散的元器件按照图样设计要求，组合并连接起来而形成整机的过程。

　　2）安装的分类：安装可分为电气安装和机械安装两大类。在电子整机产品中，机械零件的安装称为机械安装，电气元器件的安装称为电气安装。

　　（2）安装的连接方式　电子产品整机安装中的连接方式有螺接、铆接、绕接、粘接、焊接、热铆、销装、插装、夹装、锁装、卡装、压装、缝装、扎装、贴装等。这些安装工艺又可分为可拆连接和不可拆连接 3 大类。

　　（3）安装的原则　元器件、零部件的安装原则是上道工序不能影响下道工序。

　　（4）安装的操作方法　电子整机产品的安装操作方法有手工安装、半自动安装、机器自动安装等 3 种。

　　（5）安装的基本要求　不同的产品，不同的生产规模，对安装的技术要求是各不相同的，但基本要求有以下几点：

　　1）确保安全使用。电子产品安装，安全是首要大事。不良的装配不仅影响产品性能，而且造成安全隐患。电子产品千差万别，正确的安装是安全使用的基本保证。

　　2）不损伤产品零部件。安装时由于操作不当，不仅可能损坏所安装的零部件，而且还会殃及相邻零部件。这样会降低零部件的各种性能指标。例如：安装瓷质波段开关时，若紧固力过大将造成开关变形或失效；在面板上安装螺钉时，若旋具滑出将擦伤面板；安装集成电路时也容易折断管脚等。

　　3）保证电气性能。电气连接的导通与绝缘、接触电阻和绝缘电阻的大小都与产品性能、质量紧密相关。图 3-15 所示为不良接线示例。某电气设备的电源输出线，安装时未按规定将导线绞合镀锡而是直接进行安装，从而导致一部分线芯散出，通电检验和初期工作都能正常工作，但是由于局部电阻过大而发热较多，工作一段时间后导线及螺钉氧化，进而导致接触电阻增大，造成设备不能正常工作。

图 3-15　不良接线示例

　　4）保证机械强度。产品安装时要考虑到有些零部件在运输、搬运过程中受机械振动而损坏的情况。图 3-16 所示为安装机械强度不足示例。其中图 3-16a 说明：对于安装在印制板上的带散热器的晶体管，显然仅靠印制板上的焊点难以支持重量较大的散热器的作用力。

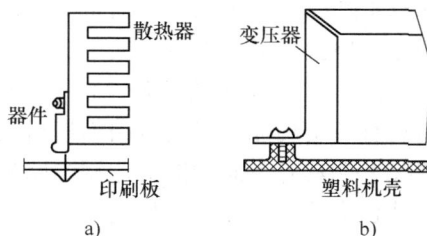

图 3-16　安装机械强度不足示例

　　5）保证传热、电磁屏蔽的要求。某些零部件安装时必须考虑传热或电磁屏蔽的问题。如图 3-17 所示，由于紧固螺钉不当，造成功率管与散热器贴合不良而影响散热。如图 3-18 所示的金属屏蔽盒，由于存在接缝而降低屏蔽效果，如果安装时在接缝中衬上导电垫，就可保证屏蔽性能。

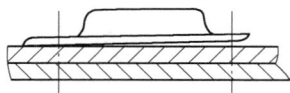

图 3-17 贴合不良示例

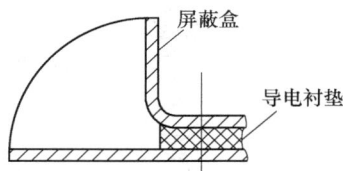

图 3-18 屏蔽盒示意图

二、电子元器件安装工艺

电子元器件安装是电子整机生产过程中极其重要的环节，它直接影响电子整机产品的质量。掌握电子元器件安装工艺知识对电子产品的设计、制造、使用和维修都是必不可少的。

1. 安装工艺要求

1）安装所有电子元器件时，其文字、数值标记应布置在容易观察的位置上（标记向上、向外），以易于检查和维修。

2）注意安装的先后顺序、位置方向和电极的极性。

3）重量超过 50g 的元器件安装时，必须采用支承件、弯角件、固定架、夹具或其他机械形式固定；重量不足 50g 的元器件（如小型的电阻、电感、晶体管等），应用元器件的引出线直接绕固在焊片、支架片、接线架、印制板上进行固定。

4）元器件引出线应弯曲成圆弧形，并与根部保持一定的距离，不可采取紧贴根部弯曲。这样可防止元器件在安装中引出线断裂。

5）安装相邻元器件时，要有一定的空隙。

6）对于调试中需要更换的元器件，可先采用搭焊方法加以固定。

2. 典型零部件的安装

（1）瓷件、胶木件、塑料件的安装 这类零件的特点是机械强度低，容易在安装时损坏。因此要选择合适衬垫和注意紧固力。

1）瓷件和胶木件的安装。安装时要在接触位置加软垫，如橡胶垫、纸垫、软铝垫，绝不可使用弹簧垫圈。图 3-19 所示为安装瓷绝缘架示例，由于工作温度较高，选用铝垫圈并用双螺母防松。

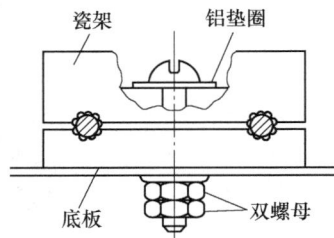

图 3-19 瓷绝缘架的安装

2）塑料件的安装。由于塑料件较软，安装时容易变形，因此，应在螺钉上加垫一个外径较大的垫圈。使用自攻螺钉时，螺钉旋入深度不小于螺钉直径的 2 倍。

（2）面板零件的安装 面板上调节控制所用电位器，波段开关、接插件等通常都是螺纹安装结构。安装时一要选用合适的防松垫圈，二要注意保护面板，防止紧固螺母时划伤面板。图 3-20 所示为几种常见的面板零件安装方法。

3. 功率器件的安装

功率器件工作时要发热，需依靠散热器将热量散发出去，安装质量对传热效率关系重大。以下 3 点是安装要点：

1）功率器件和散热器接触面要清洁平整，且接触良好。

2）接触面上加硅酯。

3）两个以上螺钉安装时，要对角线轮流紧固，防止贴合不良。

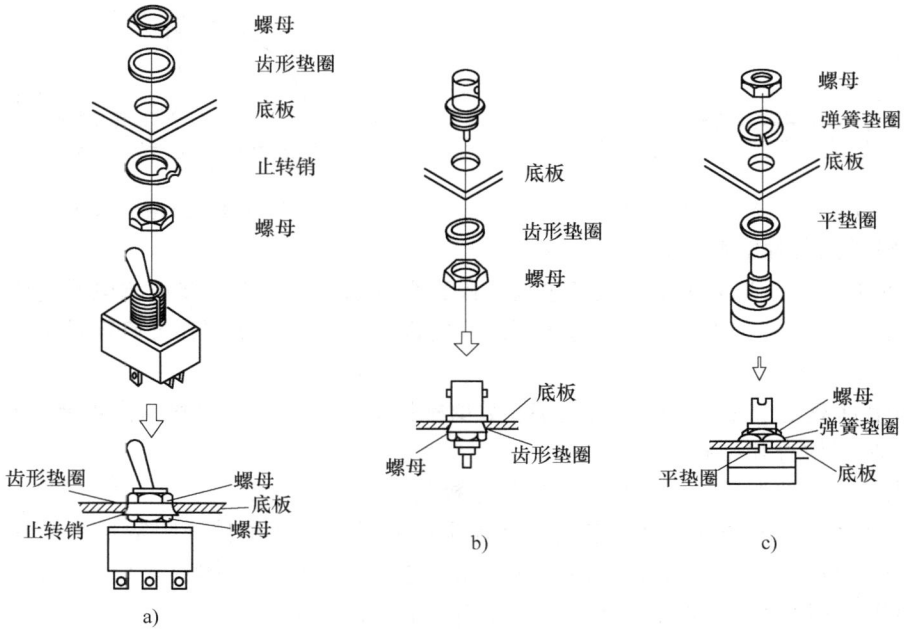

图 3-20　几种面板零件的安装

a）开关安装　b）插座安装　c）电位器安装

图 3-21 所示为几种常见功率器件的安装方法。

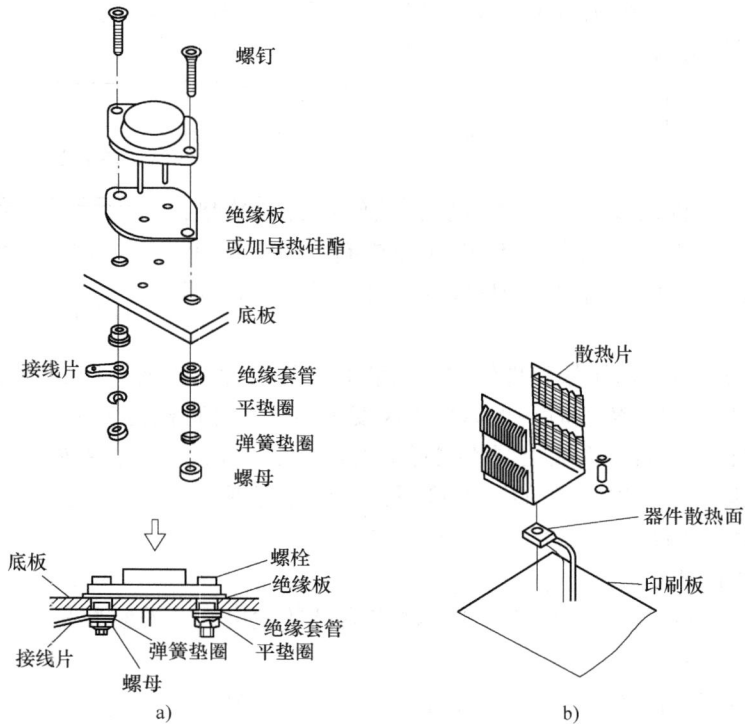

图 3-21　功率器件安装

a）金属大功率器件安装　b）塑封器件安装

4. 集成电路（IC）的安装

集成电路在大多数应用场合都被直接焊装到印制电路板（PCB）上，但不少产品为调整、升级、维修方便常采用插装的方式。由于大规模或超大规模集成电路的引线较多，插装时稍有不慎，就有可能造成损坏。因此，插装集成电路时应注意以下几点：

（1）防静电　大规模 IC 大都采用 COMS 工艺，属电荷敏感器件，而人体有时携带一定静电荷。因此，一般情况下尽可能使用工具夹持 IC，且通过触摸大件金属体（如水管、机箱等）方式释放静电。

（2）对方位　无论何种 IC，插入时都有方位问题，通常 IC 插座及 IC 本身都有明显的定位标志，如图 3-22 所示，但有些封装定位标志不明显，必须查阅相关说明书。

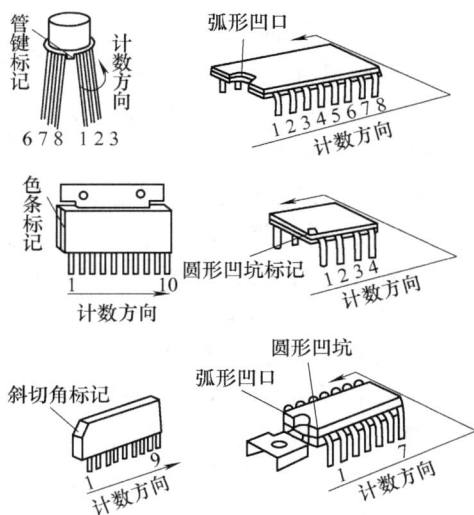

图 3-22　常见集成电路（IC）方向标记

（3）均施力　对准方向后要仔细让每一引线都与插座一一对应，然后均匀施力将 IC 插入。

另外，还要注意的是：对 DIP 封装 IC，一般新器件引线间距都大于插座间距，可用平口钳夹持或手持在金属平面上仔细校正；对 PGA 封装 IC，现在有"零插拔力"插座，通过插座上的夹紧机构容易使引线夹紧和松开。

三、机械零部件安装工艺

电子整机产品容易受振动、冲击、离心力、向心力等因素的影响，零部件可能发生松动或错位，进而影响工作可靠性。因而，掌握机械零部件安装中的基本操作技能，保证安装牢固可靠，对电子产品十分重要。

1. 安装工艺要求

1）机械零部件在安装前必须进行清洁和处理，以消除附着在表面的灰尘和杂质。

2）机械零部件安装后均应牢固可靠，不允许有松动、歪斜、摆动、转动、位移等问题。

3）相同的机械零件应具备互换性和通用性。

4）安装中不允许产生裂纹、凹陷、压伤和可能影响产品质量的其他损伤。

5）弹性零件（如弹簧、簧片、卡圈等）安装时不允许造成永久性变形。

6）底座孔与零部件安装孔应相互对正，螺钉应顺利通过安装孔，不能发生歪斜。

7）安装中机械零部件的表面涂覆层不允许损坏；经氧化处理的钢制件安装后应涂防锈剂保护。

8）防振器件安装时应保持一定的弹性，不能超过弹簧的弹性极限。

9）对于大功率安装件及射频导电部分，安装前要去掉棱角尖端，制成光滑圆弧，以防止发生尖端放电。

10）机械零部件安装完毕后，不允许有残留金属屑及其他杂物。

2. 机架的安装

电子整机产品中机架安装包括架条与底板紧固，导轨、滑轨、导框、内面板等安装，弯角架、支架、固定夹等安装。

机架安装过程中主要采用钳工加工、螺接、铆接等工艺。钳工加工主要包括钻孔、扩孔、攻螺纹、套螺纹、锯削、弯边、切角等加工方法。

机架安装时为了防止骨架变形，通常采用工装夹具等设备进行钳工加工；机架、支架、弯角件和框架的安装要注意直角垂直；紧固处不能有松动现象；安装位置要注意对正中心；导轨、滑轨的安装要松紧适宜、运动灵活；机架表面不应有损伤。图 3-23 所示为某仪器的机架安装图例。

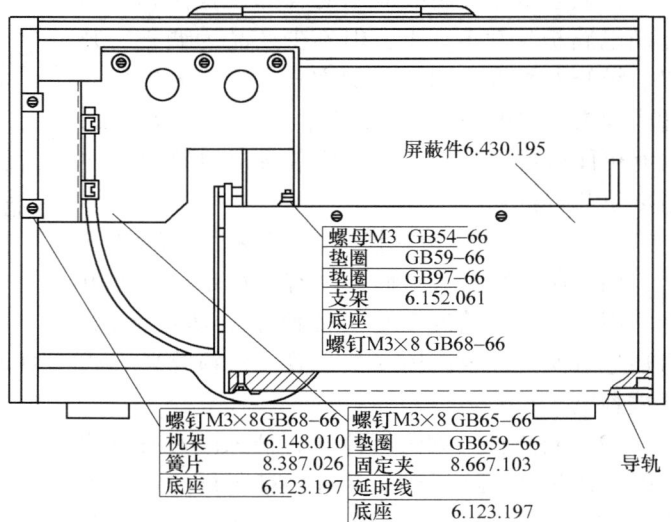

图 3-23　某仪器机架安装图例

3. 传动装置的安装

电子整机产品中有各种调谐回路、电压调整回路、电流调整回路、开关控制电路等，调节时需要通过传动装置来实现对电路的调整或控制。

安装传动装置时主要采用钳工加工、螺接、粘接、焊接等工艺。

（1）传动装置的种类

1）强制型包括：齿轮传动、蜗杆传动、齿条传动、接轴传动、同轴传动等。

2）摩擦型包括：端面摩擦传动、侧面摩擦传动、滚珠摩擦传动等，如图 3-24 所示。

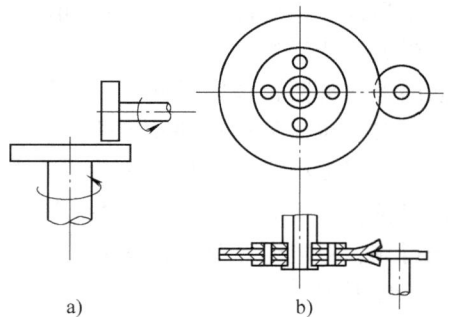

图 3-24　端面和侧面摩擦传动示例
a）侧面摩擦传动　b）端面摩擦传动

另外，还有挠件传动，例如：弦线传动，如图 3-25 所示。

（2）安装注意事项

1）安装传动装置时，应按规定工艺进行，要求装置平稳、传动方向正确、传动灵活、均匀省力、起止点正确、无摩擦噪声。

2）传动装置一般都是已组装好的部件或整件，安装过程中严禁用锤子敲打，以免传动件与被传动件发生变形或产生阻力。

3）摩擦传动不能有松动现象，防止打滑。

4）齿轮、蜗轮、蜗杆传动不应有空程。

5）接轴传动或同轴传动在安装后应保持原有的转动力矩，转动应灵活、平稳、无跳跃、卡住等现象。

对于不同传动装置中的特殊要求，应按工件文件规定进行。

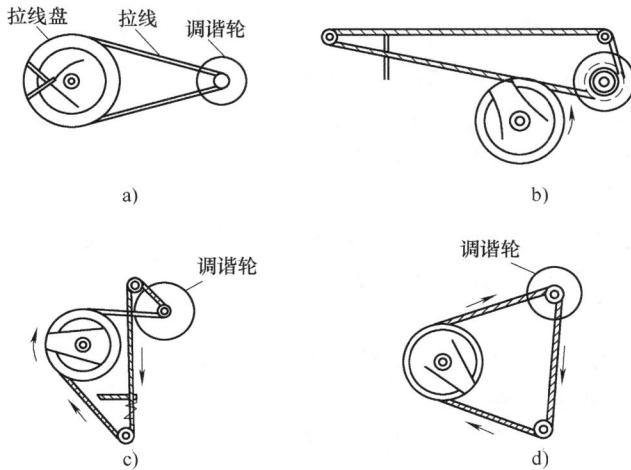

图 3-25   弦线传动示例

技能训练

一、训练内容

安装和调试如图 3-26 所示的黄河 741 牌双波段调幅收音机。

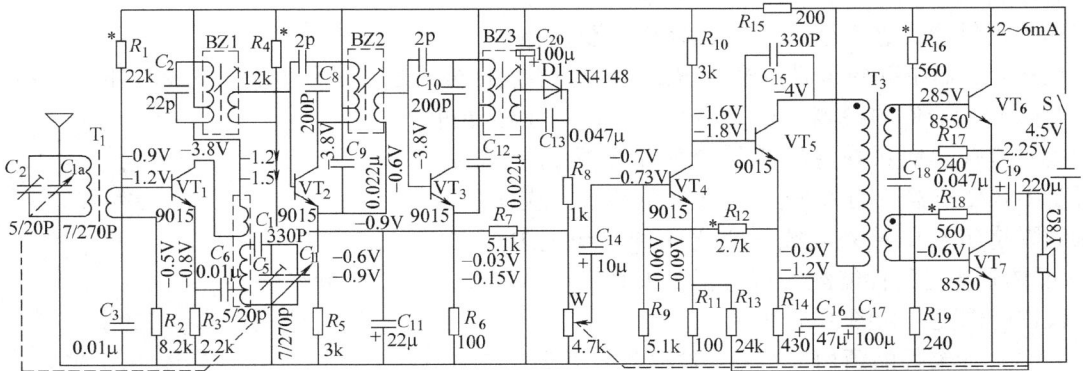

图 3-26   黄河 741 牌双波段调幅收音机原理

二、设备、工具和材料准备

双踪示波器（SR8 型或自定）1 台，万用表（自定）1 块，电工通用工具 1 套，圆珠笔 1 支，演草纸（自定）2 张，电子电路（串联型可调稳压电路）1 台，黄河 741 牌双波段调幅收音机套件 1 套，单相交流电源（220V 和 36V、5A）1 处。

三、操作步骤

1. 熟悉图样

印制电路如图 3-27 所示。

2. 加工导线

对所用导线进行绝缘导线的剪切、剥头、捻头和浸锡等加工处理。

（1）剪切　按规定的长度进行剪切，剪切长度均为 5 的倍数，剪切长度公差一般为 +5%。剪切前要复核导线的编号、规格和颜色是否符合导线加工表的要求。

（2）剥头　将绝缘导线的两头去掉一段绝缘层，露出线芯。剥头时可用剥线钳或剪刀，切记不应损坏芯线。

（3）捻头　股导线经剥头后，芯线容易松散，芯线必须进行一次捻紧过程。

（4）浸锡　导线芯线表面去除氧化层，镀上一层光洁的锡层，使之具有良好的可焊性。浸锡通常在浸锡锅上进行。浸锡后线芯表面应光洁、均匀，不允许有毛刺、烫焦绝缘层及表面有起泡等现象。

3. 检测与加工元器件

（1）清点元器件　根据使用说明书所列的元器件表核对元器件的数量、型号和规格，检查其是否符合工艺要求。对于晶体管，要注意

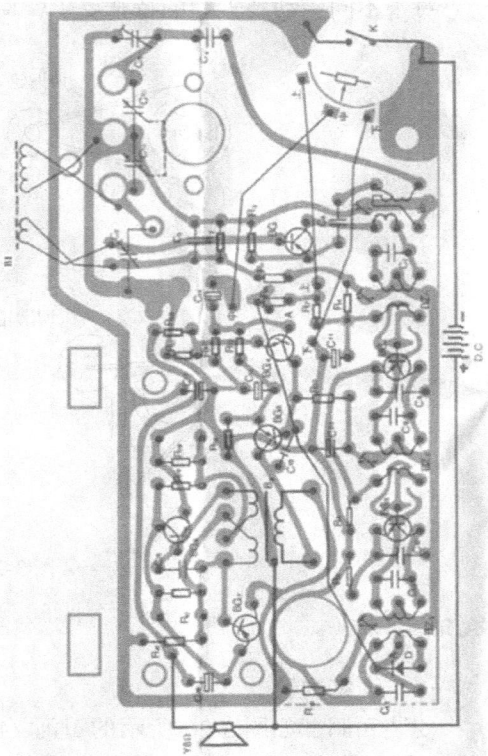

图 3-27　印制电路

色点标志，而中频变压器和输入/输出变压器也应区分清楚。如有短缺，应及时补缺和更换。

（2）元器件的检测　用万用表电阻挡对元器件进行逐一检查，剔除并更换不符合质量要求的元器件。对于中频变压器、输入/输出变压器的检测，应注意测量线圈绕组与屏蔽外壳或铁心之间的绝缘电阻。V5、V6 晶体管要进行性能配对试验，要求必须用晶体管图示仪进行选配，如图 3-28 所示。

（3）元器件的预加工　元器件检测与引脚加工时，应按导线接线表进行导线的剪裁、剥头、捻股和浸锡。

（4）组合件加工　黄河 741 晶体管收音机的组合件加工项目较多，主要有弦线组件、开关电位器组件和中枢面板组件。例如安装扬声器，包括机壳、扬声器、正、负极片等，加工要符合工艺要求。安装扬声器如图 3-29 和图 3-30 所示。

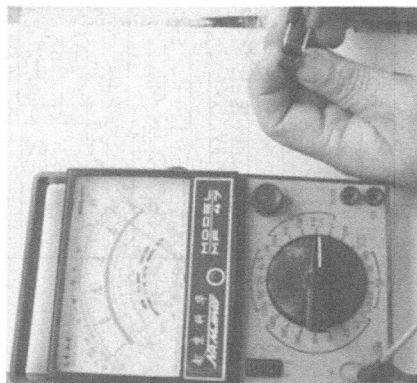

图 3-28　元器件检测

4. 装配和焊接印制电路板

装配工艺流程：准备→印制电路板安装和焊接→双联电容器安装和焊接→开关电位器组件安装→中波磁棒天线组件安装→短波磁棒天线组件安装→导线连接→整形。

图 3-29　安装扬声器

图 3-30　焊接扬声器引线

1）插装元器件并进行整形处理，如图 3-31 和图 3-32 所示。

图 3-31　插装元器件

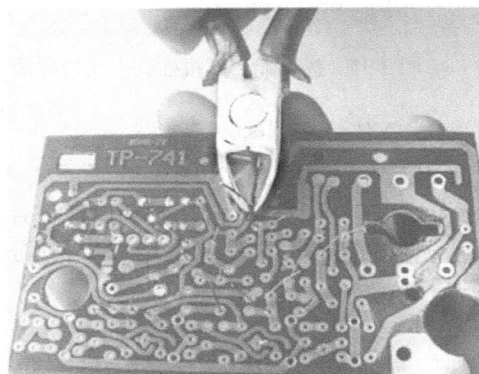

图 3-32　剪去引脚多余的部分

2）机芯部件的安装与焊接，如图 3-33 所示。

3）电位器引线的焊接，如图 3-34 所示。

图 3-33　机芯部件的焊接

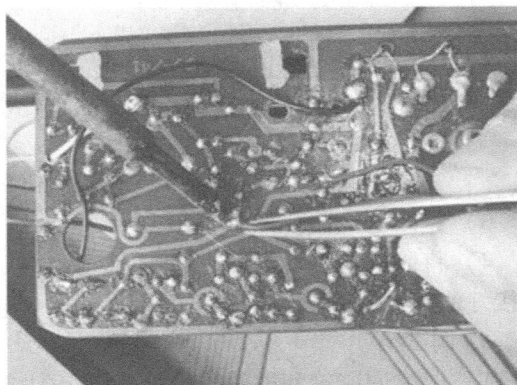

图 3-34　电位器引线的焊接

4）扬声器、耳机插孔引线的焊接。将扬声器、耳机插孔的引线和印制板进行搭焊，如图 3-35 所示。

5）电源线的焊接。将电源线（正极线、负极线）搭焊在印制板相应位置上，如图 3-36 所示。

图 3-35　扬声器、耳机插孔引线的焊接

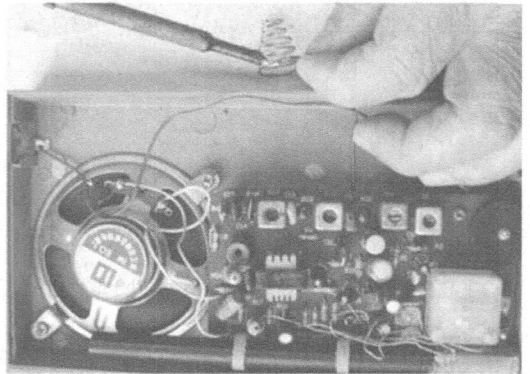

图 3-36　电源线的焊接

5. 总装

1）安装调谐轮，如图 3-37 所示。

2）安装机芯、耳机插座和电池极片。将机芯及电池正、负极片安装在机壳中，导线全部压在机芯板下。安装过程中要防止压坏导线，且导线不能影响传动装置的转动，如图3-38 所示。

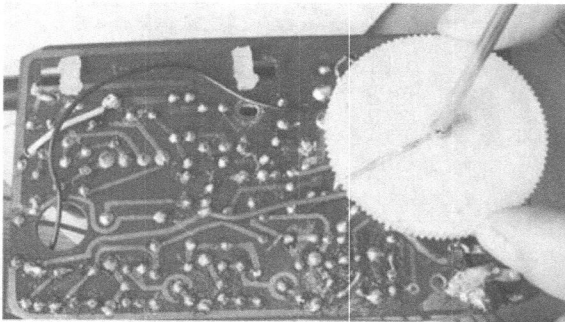

图 3-37　安装调谐轮

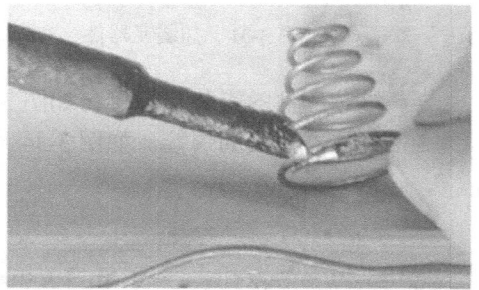

图 3-38　机芯、耳机插座和电池极片的安装

3）紧固电位器，如图 3-39 所示。

4）将印制电路板紧固在机壳上。磁棒线圈的 4 根导线搭焊在印制板相应位置上后，将焊接好的印制电路板紧固在机壳上，如图 3-40 所示。

6. 调试

1）调整调谐轮和电位器轮。整机装配结束后，进行整机整形，并且检查装配质量和焊接质量。要求整机元器件、零部件排列整齐，导线不应露在外面，调谐轮和电位器轮应转动灵活。

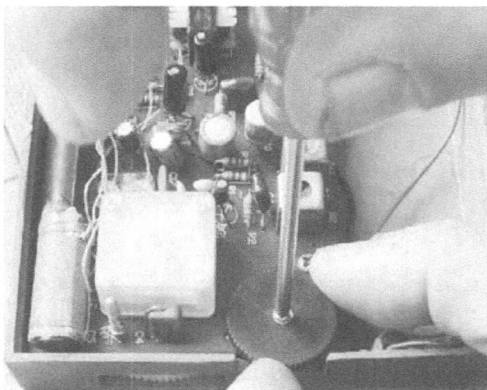

图 3-39 紧固电位器

图 3-40 印制电路板的紧固

2）安装电池，并进行通电调试，如图 3-41 所示。

3）试听收音机是否能够正常工作，要求在中波段范围内能收到两个以上的广播信号。

4）收音机试听正常后，紧固后盖，整理现场。

四、成绩评分标准

成绩评分标准见表 3-5。

图 3-41 调试

表 3-5 成绩评分标准

序　　号	项目内容	评分标准	配分	扣分	得分
1	加工导线	加工导线 1 处不符合规定扣 2.5 分	10		
2	元件检测与加工	元件测量不正确 1 处扣 5 分	20		
		元件未进行预加工 1 处扣 2.5 分			
		组合件加工次不合理，1 处扣 5 分			
3	印制电路板装配和焊接	插装元器件并整形 1 处错误扣 2.5 分	40		
		焊接元器件 1 处错误扣 5 分			
4	总装	安装元器件 1 处错误扣 5 分	20		
5	调试	调试不成功，扣 10 分	10		
6	时间	2h			

项目3.3　电子拆装技术

项目目的

1）熟悉印制电路的制作工艺。
2）掌握电子电路的装配工艺。

项目内容

印制电路板的安装与焊接。

相关知识点析

焊接过程中，有时需要将已焊接的焊点拆除，这个过程就是拆焊，拆焊又称为解焊。实践证明，在操作中，拆焊往往比焊接更困难。拆焊时要使用必要的工具和掌握正确的拆焊方法，只有这样才能避免损坏元器件或破坏原焊点。

一、概述

1. 拆焊的基本原则

拆焊工作中最大的困难是容易损坏元器件、导线和焊点。在印制电路板上拆焊时更容易剥落焊盘及印制导线，从而造成整个印制电路板报废。拆焊的基本原则是：

（1）尽量避免损坏元器件　实在无法避免时，要权衡利弊，决定取舍，以保证整机产品的质量不受影响。

（2）确保电路板不受损坏　拆焊印制电路板的元器件时，要保证印制电路板不受损坏。拆除决定舍去的元器件时，可先将其引线剪掉再进行拆焊。

（3）拆焊过程中不要拆卸、移动其他元器件，如需要时应好修复工作。

（4）拆焊的适用范围。

1）在焊接过程中误装、误接的元器件、导线等。

2）在调试、例行实验或检验过程中需要更换的元器件、导线等。

3）在产品维修过程中，需要更换的有故障或电气参数不符合要求的元器件。

4）其他需要拆焊的地方。

2. 拆焊的操作要求

（1）严格控制加热温度和时间　一般元器件及导线绝缘层的耐热性较差，受热后极易损坏。在拆焊这些元器件时，一定要严格控制加热时间和温度。一般来说，拆焊所用的时间要比焊接时间长。这就要求操作者熟练掌握拆焊技术，不损坏元器件。

（2）拆焊时不要用力过大　由于塑料密封器件、陶瓷器件、玻璃器件等在加温情况下强度都会有所降低，若拆焊时用力过大将容易使器件与引线相脱离。

3. 常用拆焊工具

常用的拆焊工具除普通电烙铁外，还有以下几种：

（1）捅针　用6~9号医用注射针头代用，或用不锈钢制作的细钢针。其作用是：拆焊后的焊盘上若有焊锡堵住焊孔，需用电烙铁重新加热焊盘，同时用捅针清理焊孔。

（2）镊子 最好选用端头尖的不锈钢镊子。其作用是：拆焊时可用来夹住元器件的引线。

（3）吸锡绳 用以吸取印制电路板焊盘的焊锡，一般可用镀锡编织套代替。

（4）排锡空针 可用医用 12~18 号注射针头改制。其作用是：使印制电路板上元器件的引线与焊盘脱离。

（5）吸锡电烙铁 用以加温拆焊点，同时吸去熔化的焊料，使焊盘与被焊件引线脱离。

图 3-42 所示为拆装中常用的专用工具。

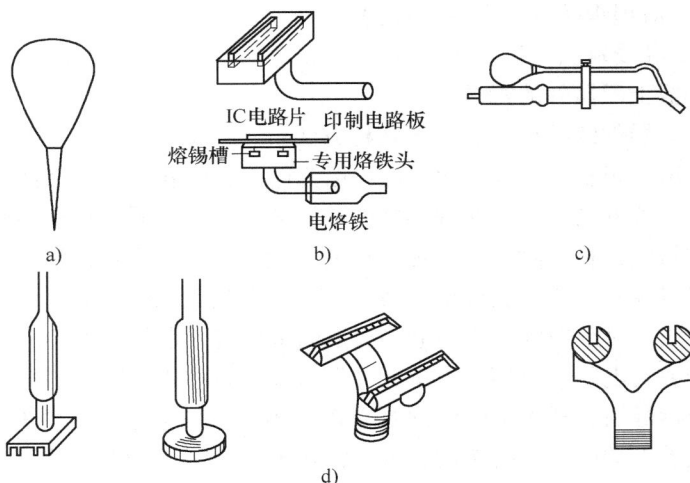

图 3-42 拆焊中常用的专用工具

二、拆焊的基本方法

一般焊点的拆焊方法有两种：一种是剪断拆焊法，另一种是保留拆焊法。

1. 剪断拆焊法

在待拆焊点上，元器件引线或导线都有再焊接的余量，或者在元器件可以舍去的情况下，可采用剪断进行拆焊。这种方法既简单又不易损坏元器件或导线，对焊接点十分有利。

操作时，先用偏口钳齐着焊点根部剪断导线或元器件引线，再用电烙铁加热焊接点，去掉焊锡，露出残留线头的轮廓。接着用镊子挑开线头，在烙铁头的帮助下用镊子取下线头，然后清理焊接点备用。

在一般整机产品上，元器件引线及导线留有的余量有限，如剪断后再进行焊接一般不符合出厂要求。所以在实际生产中较少采用此法。

2. 保留拆焊法

这种方法能完好地保留元器件的引线或导线的端头，拆焊后可以重新焊接。但这种方法的要求比较严格，操作较困难。

（1）搭焊点的拆焊 这类焊接点拆焊较容易，如果原接点上套有绝缘管，要先退出绝缘套，再用烙铁头蘸松香加热焊接点，待焊锡熔化后挪开导线，清除焊接点上的剩余焊锡即可。

（2）钩焊点的拆焊 首先用烙铁头去掉焊锡，然后撬起引线，再将引线抽出。在去掉接点上的焊锡时，要将烙铁头放置在接点的下方，让焊锡流向烙铁头。

（3）网焊点拆焊　拆焊网焊点比较困难，容易损坏元器件和导线的端头及绝缘层。如稍不小心，就容易损坏接头，尤其是带焊片的接点。如继电器、转换开关、电子管管座等的焊片接点被损坏后，会导致整个器件的报废。在拆焊这类器件时，要特别小心。其操作步骤如下：

1）使用电烙铁去除焊点上的焊锡，露出导线的轮廓，查清网绕的情况。

2）找出导线的尖端，用镊子挑出线头。

3）在电烙铁加热的同时，用镊子夹着导线的尖端解开网绕着的导线。

4）拉出导线，清理焊接点上的剩余焊锡。

5）整理拆出的导线端头，以备重新焊接。

三、印制电路板上元器件的拆焊

印制电路板上元器件的拆焊，有以下几种方法：

（1）分点拆焊法　印制电路板上元器件一般为电阻、电容、电感元件，通常只有两个焊点。在元器件水平布置的情况下，两焊点之间的距离较大，可采用分点拆除的办法。即先拆除一个焊接点上的引线，再拆除另一端焊接点的引线，最后取出该元器件。如焊接点上的引线是折弯的，拆焊时要先用烙铁头或镊子撬直后再用上述方法拆除。

（2）集中拆焊法　对于焊接在印制电路板上的多焊脚元器件，如集成路、转换开关、晶体管，以及直立安装的电阻、电容、电感元件等，由于这些焊点之间的距离较小，对于这类元器件可采用集中拆焊法，即用电烙铁同时交替加热几个焊接点，等焊锡熔化后一次拔出所有元器件。如焊接点上的引线是折弯的，同样需用电烙铁或镊子将其撬直后拆除。此法要求操作时加热迅速，注意力集中，动作快。

对于有多接点的固体元器件，拆除时可使用专用烙铁头一次加温取下，若手中不具备专用烙铁头，也可用吸锡电烙铁，将焊接点上的焊锡逐一吸掉，然后用排锡空针，将多脚元器件的引脚与焊盘分离，最后拔下该元器件。

（3）间断拆焊法　对于一些带有塑料骨架的元器件，如中频变压器等，由于其骨架不耐高温，其接点既集中又比较多，对这类器件要采用间断加热法拆焊。

拆焊时应先除去焊接点上的焊锡，使其露出轮廓，接着用排锡空针或划针排开焊盘与引线处的残留焊料。最后用烙铁头对个别未清除掉锡的接点加温并取下器件。拆焊这类元器件时，不能对其长时间集中加温，要逐点间断加温。

四、开关上元器件的拆焊

拆焊开关上的元器件时，必须注意保证开关中触刀接触良好，且触刀不能发生扭转变形，锡焊和焊剂不能流入接触片（槽）内。下面介绍拆除波段开关过程中常采用的拆焊方法。

1. 局部引线剪断法

开关上的焊片要比一般焊片薄和软，若锡熔化时用钳子将绕头解开，则容易造成焊片扭动和变形。因此，若元器件引线有余量时，可采用局部引线剪断法来处理焊接点，如图3-43所示。也就是先将焊片上的锡用吸锡工具吸去，再用剪刀将焊片的边口绕头剪去1/2，然后

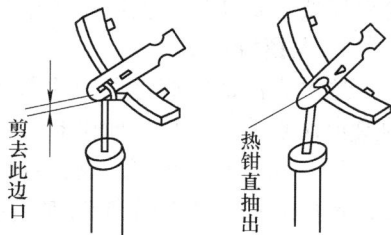

图3-43　局部引线剪断法

用钳子在焊头锡化时钳直引线取下。

2. 焊片剪角法

在开关件上拆焊元器件时，若要保留元器件，采用焊片剪角法较为适宜。这种方法是先将焊片上的锡用吸锡工具尽量吸除干净，用剪刀剪去焊片一角，露出穿线孔缺口，使元器件的引线在热化状态时由缺口中移出。

3. 剪除搭焊法

拆焊难度较大的开关焊片，为保留开关只能损坏元器件时，采用剪除搭焊法。先将旧的元器件引出线于焊片概况剪除，并将焊片上的锡吸除干净，用针钻焊孔露出，此后再将新的元器件引出线按焊片距离修剪长短后，弯曲搭焊于焊片上。

不论采用哪种拆焊方法，操作时都应先将焊接点上的焊锡去掉。在使用一般电烙铁不易消除时，可使用吸锡工具。在拆除过程中，不要使焊料或焊剂飞溅或流散到其他元器件及导线的绝缘层上，以免烫伤这些元器件或引起短路现象。

技能训练

一、训练内容

印制电路板上各种元器件的拆焊。

二、设备、工具和材料准备

电视机印制电路板 1 套，拆焊 1 套。

三、操作步骤

1. 拆下电路板

按总装的相反顺序拆下印制电路板，注意拆下印制电路板时不要碰伤元器件。

2. 拆焊电阻

可采用分点拆焊法拆焊电阻。拆焊时要用镊子将其夹住，以帮助散热。拆焊印制电路板上的元器件或导线时，不要损坏元器件和印制电路板上的焊盘及印制导线。在印制电路板的拆焊工作中比较困难的是拆焊那些最多焊点的元器件，如集成块、中频变压器、多接头插件、波段开关等，如图 3-44 所示。

3. 用分点拆焊法拆焊电容器（见图 3-45）

图 3-44　拆焊电阻

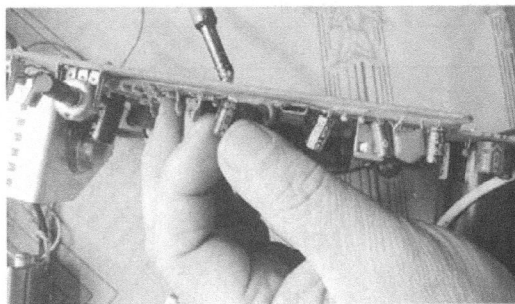

图 3-45　拆焊电容器

4. 用集中拆焊法拆焊二极管和晶体管（见图3-46）

5. 拆卸大功率晶体管（见图3-47）

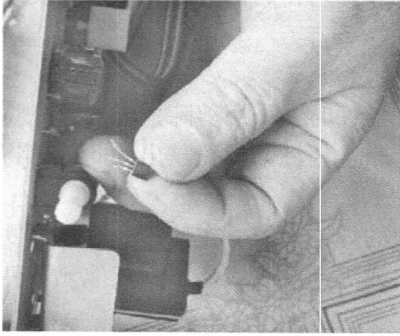

图3-46　拆焊晶体管

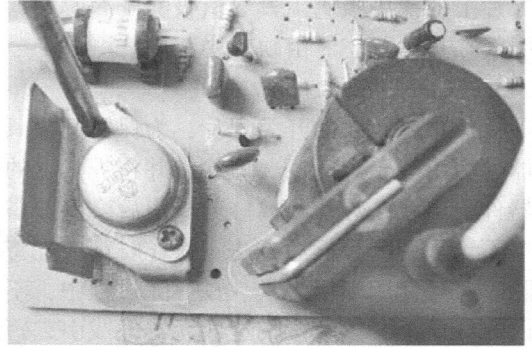

图3-47　拆卸大功率晶体管

6. 拆焊变压器等多脚元器件

用排锡针、排锡绳或吸锡烙铁拆焊变压器等多脚元器件。

四、成绩评分标准

成绩评分标准见表3-6。

表3-6　成绩评分标准

序　号	项目内容	评分标准	配分	扣分	得分
1	整机拆装	（1）元器件、零部件每损坏丢失1件，扣5分 （2）紧固件每丢失、损坏1件扣4分	60		
2	印制电路板上元器件拆卸	（1）焊盘脱落、翘曲，每处扣5分 （2）焊盘孔不通畅，每处扣3分 （3）元器件损坏、丢失，每件扣5分	40		
3	安全文明生产	每一项不合格扣5~10分			
4	工时	2h			

模块四 典型电子电路的安装与调试

项目 4.1 整流滤波电路的安装与调试

项目目的

1) 掌握单相桥式整流滤波电路的工作原理。
2) 掌握单相桥式整流滤波电路的安装与调试。

项目内容

单相桥式整流滤波电路的安装与调试。

相关知识点析

一、基本概念

将交流电转换为直流电的过程称为整流，单相整流电路整流后得到的是脉动直流电压，其中含有较大的交流成分，因此要滤除交流成分，保留直流成分，即将脉动变化的直流电变化为平滑的直流电，这就是滤波。单相整流滤波电路用于将电网交流电压 220V 进行整流，变成脉动直流电压，然后滤波，输出较为平滑的直流电。常见的整流电路有单相半波整流电路、单相全波整流电路和单相桥式整流电路等几种。

在整流滤波电路中，单相桥式整流滤波电路应用最为广泛，单相桥式整流滤波电路原理如图 4-1 所示。

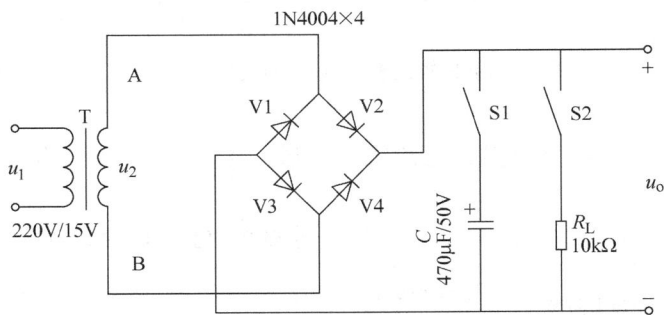

图 4-1 单相桥式整流滤波电路原理图

二、电路原理与分析

1. 开关 S1 断开而 S2 合上时，电路为单相桥式整流电路

当变压器二次侧交流电压 u_2 为正半周时，二次绕组的上端为正极，下端为负极，二极管 V2、V3 导通，V1、V4 截止，电流的流通路径为：从 A 点出发，经过 V2 和负载 R_L，再经过 V3 回到 B 点。若忽略二极管的正向压降，可以认为 R_L 上的电压 u_o 与 u_2 几乎相等，即 $u_o = u_2$；当 u_2 为负半周时，下端为正极，上端为负极，V1、V4 导通，V2、V3 截止，电流的流通路径为：从 B 点出发，经过 V4 和负载 R_L，再经过 V1 回到 A 点。若忽略二极管的正向压降，可以认为 $u_o = -u_2$，由此可见，在 u_2 的正负半周，都有同一方向的电

流通过 R_L，四只二极管中两只为一组，两组轮流导通，在负载上即可得到全波脉动的直流电压和电流，所以这种整流电路属于全波整流类型。单相桥式整流电路的电压输出波形如图 4-2 所示。

单相桥式整流电路在负载 R_L 上得到的波形是全波脉动直流电，其中负载 R_L 上的全波脉动直流电压平均值 $U_o = 0.9U_2$（U_2 为变压器二次电压有效值），而流过负载的电流平均值 I_L 为

$$I_L = \frac{U_o}{R_L}$$

2. 开关 S1 和 S2 均闭合，且连接电容 C 时，电路为单相桥式整流电容滤波电路

交流电压经过整流二极管 V1～V4 整流后，再利用电容 C 进行滤波，其输出电压波形如图 4-3 所示。

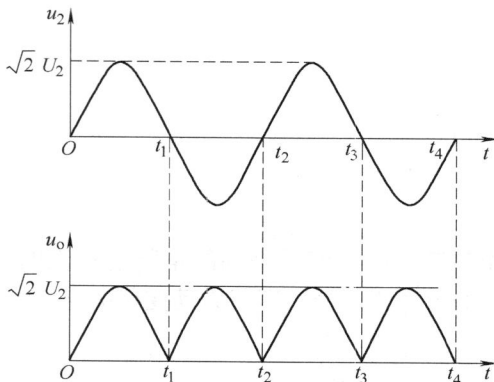

图 4-2　单相桥式整流电路波形图

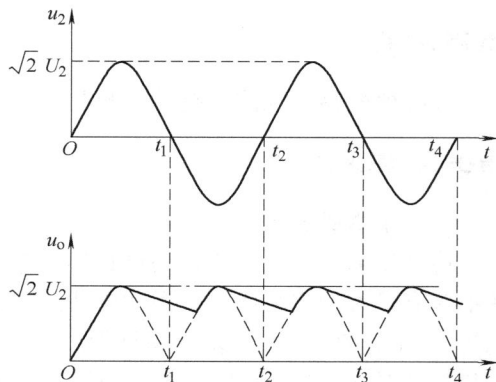

图 4-3　单相桥式整流滤波电路波形

单相桥式整流电路经过电容滤波后，有关电压和电流的估算见表 4-1。

表 4-1　单相桥式整流电容滤波电路电压和电流的估算

整流电路形式	输入交流电压（有效值）	整流电路输出电压		整流器件上电压和电流	
		负载开路时的电压	带负载时的电压（估计值）	最大反向电压 U_{RM}	电流 I_F
桥式整流	U_2	$\sqrt{2}U_2$	$1.2U_2$	$\sqrt{2}U_2$	$\frac{1}{2}I_L$

技能训练

一、训练内容

安装并调试如图 4-1 所示的单相桥式整流滤波电路。

二、设备、工具和材料准备

设备、工具和材料准备见表 4-2。

表 4-2 所需设备、工具和材料

序号	名 称	型号与规格	数 量
1	电源变压器 T	220V/15V	1
2	整流二极管 V1、V2、V3、V4	1N4004	4
3	电解电容器 C	470μF/50V	1
4	电阻器 R_L	10kΩ/0.25W	1
5	开关 S1、S2	单刀单掷	2
6	熔断器 FU1	0.5A	1
7	熔断器 FU2	0.05A	1
8	电路板		1
9	通用示波器		1
10	万用表		1
11	常用无线电工具一套		1
12	胶木板	5mm×50mm×50mm	1

三、操作步骤

1. 电路的安装

1）根据表 4-2 配齐所需元器件，并用万用表检查其性能及好坏。

2）清除元器件表面的氧化层，并进行搪锡处理。

3）剥去电源连接线及负载连接线的线端绝缘，清除氧化层，均加以搪锡处理。

4）二极管、电解电容器应正向连接，否则可能会烧毁二极管和电容器。

5）插装元器件，经检查无误后，用硬铜导线根据电路的电气连接关系进行布线并焊接固定。焊接元器件时，可用镊子捏住焊件的引线，这样既方便焊接又有利于散热。

6）不可出现虚焊及漏焊现象，一经发现应及时纠正。

组装好的电路板如图 4-4 所示，其焊接面如图 4-5 所示。

图 4-4 单相桥式整流滤波电路

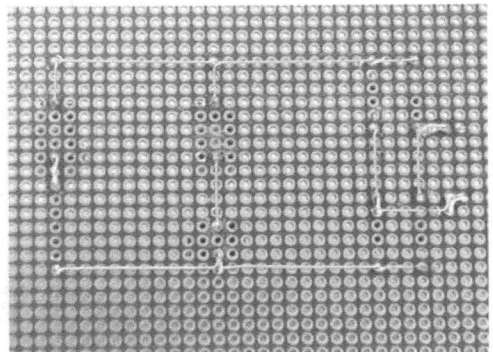

图 4-5 单相桥式整流滤波电路的焊接面

2. 电路的测试

1）在胶木板上安装变压器、开关、熔断器等元器件。同时，要求做好电源引线的连接和电路板交流输入端的连接。

2）检查各元器件有无错焊、漏焊和虚焊等情况，并判断接线是否正确。

3）接通电源，观察有无异常情况，在开关 S1 和 S2 处于各种状态时，将万用表的量程转换开关置于直流 50V 挡，用万用表测量输出电压的平均值。测量时，红表笔接输出端正极，黑表笔接输出端负极，空载输出电压应为 18V 左右。

4）若输出电压不稳定，则应检查电源电压是否有较大波动。输出电压应随电源电压的上升而上升，随电源电压的下降而下降。

5）若输出电压为 13.5V 左右，则说明滤波电容脱焊或已损坏。

6）若输出电压为 6.7V 左右，则说明除滤波电容脱焊或已损坏外，整流桥某个臂脱焊或有一只二极管断路。

7）若输出电压为 0V，变压器又无异常发热现象，则说明电源变压器一次或二次绕组已断开或未接妥，或是熔断丝已熔断，也可能是电源与整流桥未接妥。

8）若接通电源后，熔丝立即熔断，则是电源变压器一次或二次绕组已短路，或是整流桥中一只二极管反接，或是滤波电容短路。此时应立即切断电源，查明原因。FU1 熔断为一次侧短路。FU1、FU2 熔断为二次侧短路，FU2 熔断的主要原因是 C_1 短路或二极管反接等。

四、成绩评分标准

成绩评分标准见表 4-3。

表 4-3　成绩评分标准

序号	项目内容		评分标准	配分	扣分	得分
1	电路安装	接线	接线不正确，每处扣 20 分	35		
		布局	布局不合理扣 5~10 分	10		
		排列	排列不整齐扣 3~5 分	5		
		焊点	（1）焊点粗糙扣 5~10 分 （2）虚焊、漏焊每处扣 10~15 分	20		
2	调试电压		（1）测试电源电压，量程置错扣 10 分 （2）测试直流电压，量程置错扣 10 分	20		
3	安全文明生产		每一项不合格扣 4 分	10		
4	时间		2h			

项目 4.2　串联型稳压电源的安装与调试

项目目的

1）掌握串联型稳压电源的工作原理。

2）掌握串联型稳压电源的安装与调试。

项目内容

串联型稳压电源的安装与调试。

相关知识点析

多数电子设备都需要由稳定的直流电源供电。通常的做法是，将电网电压提供的50Hz正弦交流电经过变换获得所需要的直流电。单相直流稳压电源按照使用的元件分为分立元件稳压电源和集成稳压电源两种，前者最常用的是串联型稳压电源。

串联型稳压电源具有输出电流较大，带负载能力强而且稳压性能较好的特点，串联型稳压电源电路如图4-6所示。

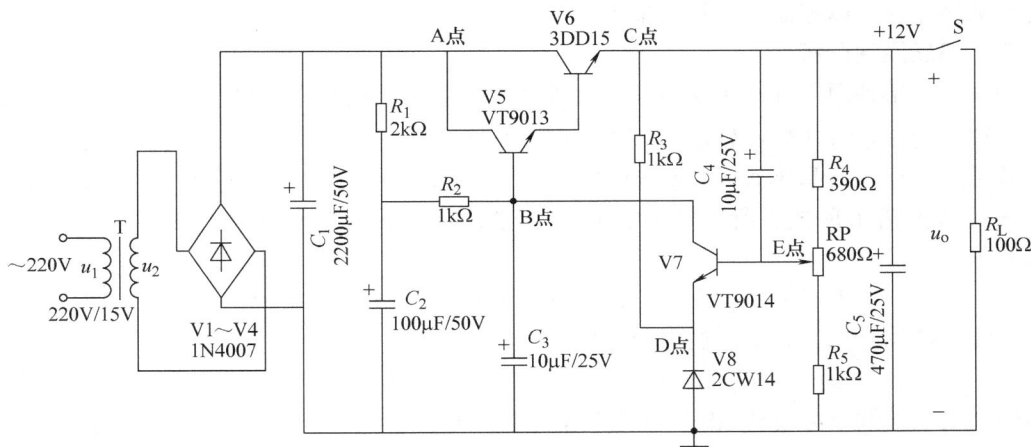

图4-6　串联型稳压电源电路

一、电路的组成

串联型稳压电源电路的组成框图如图4-7所示。

图4-7　串联型稳压电源电路的组成框图

（1）电源变压器 T　它的作用是将220V电网电压变换为整流电路所需要的交流电压。

（2）整流电路　由整流二极管 V1 ~ V4 构成单相桥式整流电路，其作用是将交流电压变换为脉动直流电压。

（3）滤波电容 C_1　它的作用是将脉动的直流电变换为平滑的直流电。

（4）稳压电路　它的作用是使直流电源的输出电压保持相对稳定，基本不受电网电压或负载变动的影响。图4-6所示为串联型直流稳压电路，其结构框图如图4-8所示。它由基准电压电路、取样电路、比较放大电路和调整管组成。晶体管 V5 和 V6 管组成复合调整管，连接成射极输出形式, 因为它与负载 R_L 相串联, 所以称为串联型直流稳压电路。

稳压管 V8 和限流电阻 R_3 构成基准电压电路。电阻 R_4、RP 和 R_5 为取样电路, 当输出电压变化时, 取样电路电阻将其变化量的一部分送到比较放大电路。晶体管 V7 组成比较放大电路。取样电压和基准电压 U_Z 分别送至晶体管 V7 的基极和发射极, 进行比较放大, V7 的集电极与调整管的基极相连, 以控制调整管的基极电位。

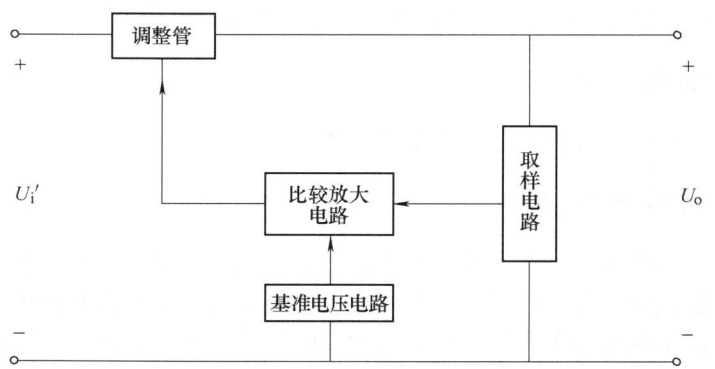

图 4-8 稳压电路结构框图

二、稳压原理分析

假设由于某种原因 (如电网电压波动或者负载电阻变化等) 使输出电压 U_o 上升, 取样电路将这一变化趋势送到比较放大管 V7 的基极与发射极基准电压 U_Z 进行比较, 并且将两者的差值进行放大, 晶体管 V7 集电极电位 U_{C7} (即调整管的基极电位 U_{B5}) 降低。由于调整管采用射极输出形式, 所以输出电压 U_o 必然降低, 从而保证 U_o 基本稳定。其稳定过程可以表示为

$$U_o \uparrow \rightarrow U_{B7} \uparrow \rightarrow U_{BE7} \uparrow \rightarrow I_{C7} \uparrow \rightarrow U_{C7} (U_{B5}) \downarrow \rightarrow U_o \downarrow$$

若输出电压降低, 则稳压过程为

$$U_o \downarrow \rightarrow U_{B7} \downarrow \rightarrow U_{BE7} \downarrow \rightarrow I_{C7} \downarrow \rightarrow U_{C7} (U_{B5}) \uparrow \rightarrow U_o \uparrow$$

输出电压的调节电位器 RP 可以调节输出电压 U_o 的大小, 使其在一定范围内变化。

技能训练

一、训练内容

安装并调试如图 4-6 所示的串联型稳压电源电路。

二、设备、工具和材料准备

设备、工具和材料准备见表 4-4。

表 4-4 工具、仪表及器材

序 号	代号与名称	规 格	数 量
1	电源变压器 T	220V/15V	1
2	整流二极管 V1 ~ V4	1N4007	4
3	稳压二极管 V8	2CW14	1
4	晶体管 V5	VT9013	1
5	晶体管 V6	3DD15	1
6	晶体管 V7	VT9014	1
7	电位器 RP	680Ω	1

（续）

序 号	代号与名称	规 格	数 量
8	电阻器 R_1	2kΩ	1
9	电阻器 R_2、R_3、R_5	1kΩ	3
10	电阻器 R_4	390Ω	1
11	电阻器 R_L	100Ω/2W	1
12	开关 S	单刀单掷	1
13	电解电容器 C_1	2200μF/50V	1
14	电解电容器 C_2	100μF/50V	1
15	电解电容器 C_3、C_4	10μF/25V	2
16	电解电容器 C_5	470μF/25V	1
17	铝型散热片		1
18	电路板		1
19	电子工具		1 套
20	万用表		1
21	示波器		1

三、操作步骤

1. 电路的安装

1）根据表4-4配齐电路所需要的元器件，并检测元器件性能及好坏。

2）清除元器件表面的氧化层，并进行搪锡处理。

3）剥去电源连接线及负载连接线的线端绝缘，清除氧化层，均加以搪锡处理。

4）反向连接稳压二极管。

5）插装元器件，经检查无误后，用硬铜导线根据电路的电气连接关系进行布线并焊接固定。焊接元器件时，可用镊子捏住焊件的引线，这样既方便焊接又有利于散热。

6）不可出现虚焊及漏焊现象，一经发现应及时纠正。

组装好的电路板如图4-9所示，其焊接面如图4-10所示。

图4-9 组装好的电路板

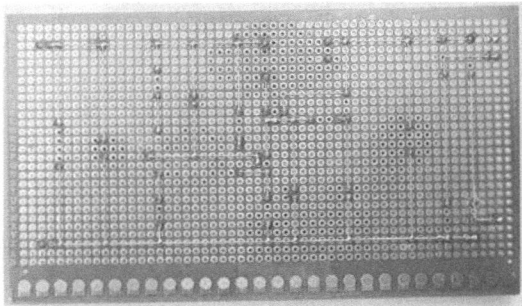

图4-10 焊接面

2. 电路的调试

（1）空载时工作电压的测量　　将开关 S 断开，调节电位器 RP，使得输出电压 u_o 为 12V。测量电路中各点的电压，如图 4-11 所示，并将测得的结果填入表 4-5 中。

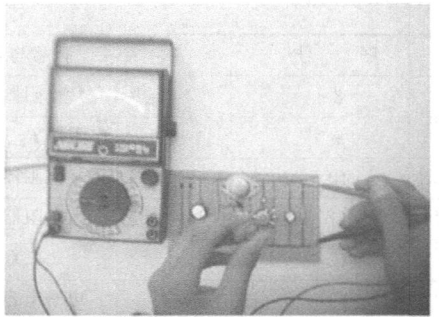

表 4-5　空载时的工作电压

U_A/V	U_B/V	U_C/V	U_D/V	U_E/V

图 4-11　测量电路中各点的电压

（2）稳压电源内阻的测量　　将开关 S 合上，电源接负载电阻 $R_L = 100\Omega$，用万用表测量电源的输出电压 u'_o，那么电源的内阻 $r = \left(\dfrac{u_o}{u'_o} - 1 \right) \times R_L$，将结果填入表 4-6 中。

表 4-6　稳压电源内阻的测量

u_o/V	R_L/Ω	u'_o/V	r/Ω

（3）用示波器观察输出电压的波形　　断开电容 C_2 和 C_3，观察输出电压的波形。仔细比较在哪种情况下输出电压波形的脉动程度相对较低。最后将观察到的输出电压波形画到表 4-7 中。

表 4-7　输出电压波形

输出电压波形	
接电容 C_2 和 C_3 时	不接电容 C_2 和 C_3 时

其中用示波器测量波形时，垂直输入灵敏度选择开关（V/DIV）每格_____ V，扫描时间转换开关（s/DIV）每格_____ ms。

四、成绩评分标准

成绩评分标准见表 4-8。

表 4-8 成绩评分标准

序号	主 要 内 容	评 分 标 准	配分	扣分	得分
1	电路安装	电路安装正确，完整，一处不符合扣 5 分	30		
		元器件完好，无损坏，一处损坏扣 2.5 分	5		
		布局层次合理，主次分清，一处不符合扣 5 分	10		
		接线规范：布线美观，横平竖直，接线牢固，无虚焊，焊点符合要求，一处不符合扣 2 分	10		
		按图接线，一处不符合扣 5 分	10		
2	调试	通电调试不成功，扣 20 分	20		
3	电压的测量	正确使用万用表测量电压，测量的结果要正确一处不符合扣 2 分	15		
4	工时	100min			

项目4.3 放大电路的安装与调试

项目目的

1）掌握放大电路的工作原理。

2）掌握放大电路的安装与调试。

项目内容

放大电路的安装与调试。

相关知识点析

用电子元器件把微弱的电信号（电压、电流、功率）增强到所需值的电路称为放大电路。常见的放大电路有固定偏置放大电路、射极输出器等。下面以带负反馈的两级放大电路为例来说明放大电路的安装与调试。

一、电路的组成

带负反馈的两级放大电路如图 4-12 所示。

二、电路原理分析

图 4-12 所示电路由两级放大器组成。晶体管 V1 是第一级放大器的放大管，电位器 RP1、电阻器 R_1 和 R_2 是基极偏置电阻，电阻器 R_3 是集电极电阻，R_4、R_5 是发射极电阻，C_2 是旁路电容。静态时 V1 的基极电压 U_{BQ1} 近似由电源 V_{CC} 和（$R_1 + RP1$）与 R_2 的分压比确定，所以第一级放大器常称为分压式射极偏置放大电路，它能有效地稳定放大电路的静态工作点。晶体管 V2 是第二级放大器的放大管，电位器 RP2 和电阻器 R_6 是基极偏置

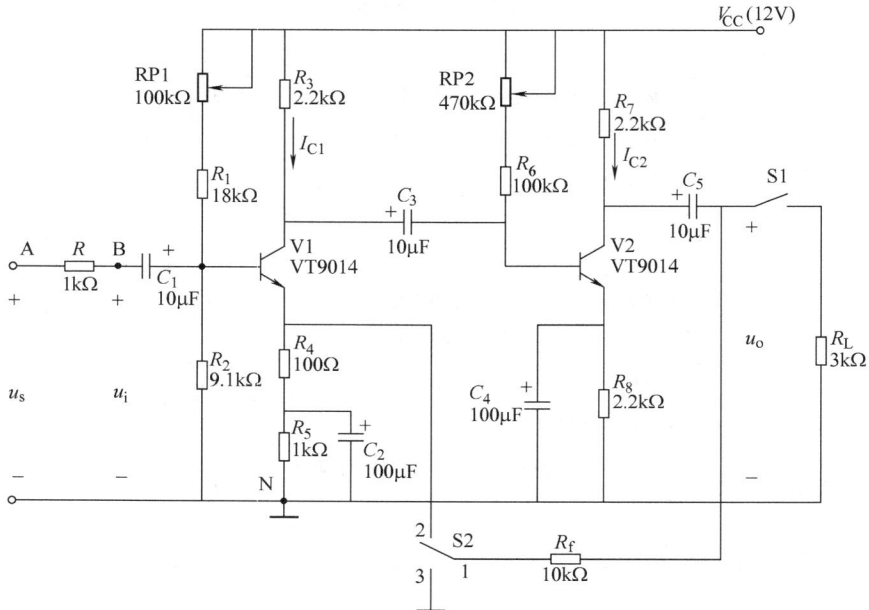

图 4-12 带负反馈的两级放大电路

电阻，电阻器 R_7 是集电极电阻，R_8 是发射极电阻，C_4 是旁路电容。C_1、C_3 和 C_5 是耦合电容。当开关 S2 与端点 2 接通时，第二级放大器的输出信号通过 R_f 接到了第一级放大器 V1 的发射极上，这样便对 V1 的净输入信号产生了影响，所以 R_f 是反馈元件，且为电压串联型交流负反馈。当开关 S2 与端点 3 接通时，电路将断开负反馈环节。

技能训练

一、训练内容

安装并调试如图 4-12 所示的带负反馈的两级放大电路。

二、设备、工具和材料准备

1）通用示波器 1 台、低频信号发生器 1 台、常用无线电工具 1 套。

2）负反馈放大电路所需元器件 1 套，见表 4-9。

三、操作步骤

1. 电路的安装

1）根据负反馈放大电路整理出相应的元器件明细表（见表 4-9），并准备好相应的元器件及检测元器件的性能和好坏。

2）清除元器件引脚处和印制电路板表面的氧化层，并进行搪锡处理。

3）考虑元器件在印制电路板上的布局。

4）插接元器件，焊接前应对电路进行认真检查，电解电容器应正向连接，晶体管的三个电极不能接错。

5）对照电路，按焊接工艺进行焊接。

组装好的电路板如图 4-13 所示，其焊接面如图 4-14 所示。

表 4-9　负反馈放大器所需元器件

序号	名　称		型　号	数　量
1	晶体管 V1、V2		VT9014	2
2	电位器	RP1	100kΩ	1
3		RP2	470kΩ	1
4	电阻器	R_4	100Ω	1
5		R、R_5	1kΩ	2
6		R_3、R_7、R_8	2.2kΩ	3
7		R_L	3kΩ/0.25W	1
8		R_2	9.1kΩ	1
9		R_f	10kΩ	1
10		R_1	18kΩ	1
11		R_6	100kΩ	1
12	电解电容器	C_1、C_3、C_5	10μF/25V	3
13		C_2、C_4	100μF/25V	2
14	开关	S1	单刀单掷	1
15		S2	单刀双掷	1
16	电路板			1

图 4-13　电路板

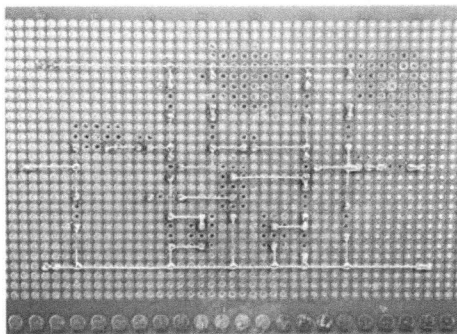

图 4-14　焊接面

2. 电路的测试

（1）静态工作点的测量　断开信号源，将电路的输入端对地短路，开关 S1 断开，开关 S2 接通端点 3，用万用表测量电阻 R_3 两端的电压并调整 RP1 使其为 3.3V，同样再调整 RP2 使得电阻 R_7 两端的电压也为 3.3V，那么经过调整后两管的集电极电流 I_{C1} 和 I_{C2} 都约为 1.5mA，然后测量并记录负反馈放大电路的静态工作点，并将记录结果填入表 4-10 中。

（2）负反馈对放大电路性能影响的测量

1）对放大倍数 A_u 的影响。将开关 S1 合上，放大器输入 1mV/1kHz 的正弦波信号，在不接负反馈（开关 S2 接通端点 3）和接入负反馈（开关 S2 接通端点 2）两种情况下分别用示波器测量有载时放大电路输入电压 u_i（B 点与 N 点之间）和输出电压 u_o 的波形，读出它

们的不失真最大值 U_{im} 和 U_{om}，将记录结果填入表 4-11，计算电压放大倍数为

$$A_u = \frac{U_{om}}{U_{im}}$$

表 4-10　静态工作点

U_{B1}/V	U_{E1}/V	U_{C1}/V	U_{B2}/V	U_{E2}/V	U_{C2}/V

表 4-11　交流测量值

不接负反馈时	U_{im}/V	U_{om}/V	A_u
接负反馈时	U_{im}/V	U_{om}/V	A_u

　　分析引入负反馈后对放大器电压放大倍数的影响。

　　2）对输入电阻 R_i 的影响。将开关 S1 合上，放大电路输入端（A 点）接信号源 u_s，在不接负反馈（开关 S2 接通端点 3）和接入负反馈（开关 S2 接通端点 2）两种情况下分别用示波器观察 u_s（A 点与 N 点之间）和 u_i（B 点与 N 点之间）的波形，调节信号源 u_s 的幅度，读出 u_s 和 u_i 的不失真最大值 U_{sm} 和 U_{im}，将记录结果填入表 4-12 中，那么电路的输入电阻为

$$R_i = \frac{U_{im}}{U_{sm} - U_{im}}R$$

表 4-12　交流测量值

不接负反馈时	U_{im}/V	U_{sm}/V	R_i
接负反馈时	U_{im}/V	U_{sm}/V	R_i

　　分析引入负反馈后对放大器输入电阻的影响。

　　3）对输出电阻 R_o 的影响。在不接负反馈（开关 S2 接通端点 3）和接入负反馈（开关 S2 接通端点 2）两种情况下分别测量放大器的输出电阻：将放大电路输入端（A 点）接信号源 u_s，用示波器观察输出波形，先将开关 S1 断开，读出输出电压的不失真最大值 U_{om}，然后将开关 S1 合上，再读出输出电压的不失真最大值 U'_{om}，将记录结果填入表 4-13 中，那么电路的输出电阻为

$$R_o = \left(\frac{U_{om}}{U'_{om}} - 1\right)R_L$$

表 4-13 交流测量值

不接负反馈时	U_{om}/V	U'_{om}/V	R_o
接负反馈时	U_{om}/V	U'_{om}/V	R_o

分析引入负反馈后对放大器输出电阻的影响。

3. 注意事项

1）焊接前要判别元器件的好坏与极性，并按元器件明细表排列好。

2）严格按照正确的焊接步骤操作，且焊接时动作要快，以免烫坏元器件与电路板。

3）电路调试前要仔细分析电路的工作原理，对调试目的做到心中有数。

四、成绩评分标准

成绩评分标准见表 4-14。

表 4-14 成绩评分标准

序号	项目内容	评分标准	配分	扣分	得分
	晶体管的测量	判断晶体管类型和电极一处错误扣 2.5 分	15		
1	电路的安装	电路安装不正确一处扣 5 分	20		
		元器件一处损坏扣 2.5 分	5		
		布局层次不合理，主次分不清一处扣 5 分	10		
		接线不符合规范，扣 2 分	10		
		按图接线一处不符合要求扣 5 分	5		
2	调试通电	调试不成功，扣 10 分	15		
3	静态工作点的测量	不能正确使用万用表测量静态工作点扣 10 分	10		
4	动态参数的测量	不能正确使用示波器扣 5 分，测量并计算 A_u、R_i、R_o 错误每处扣 2 分	10		
5	时间	2h			

项目 4.4 功率放大器的安装与调试

项目目的

1）掌握功率放大器的工作原理。

2）掌握 OTL 功率放大器的安装与调试。

项目内容

功率放大器的安装与调试。

相关知识点析

向负载提供低频功率的放大器称为低频功率放大器，简称"功放"。按照功率放大器输出端的特点分类，可以分为：变压器耦合功率放大器、无输出变压器功率放大器（OTL）和无输出电容功率放大器（OCL）。OTL 功率放大电路由激励放大级和功率放大输出级组成，如图 4-15 所示。

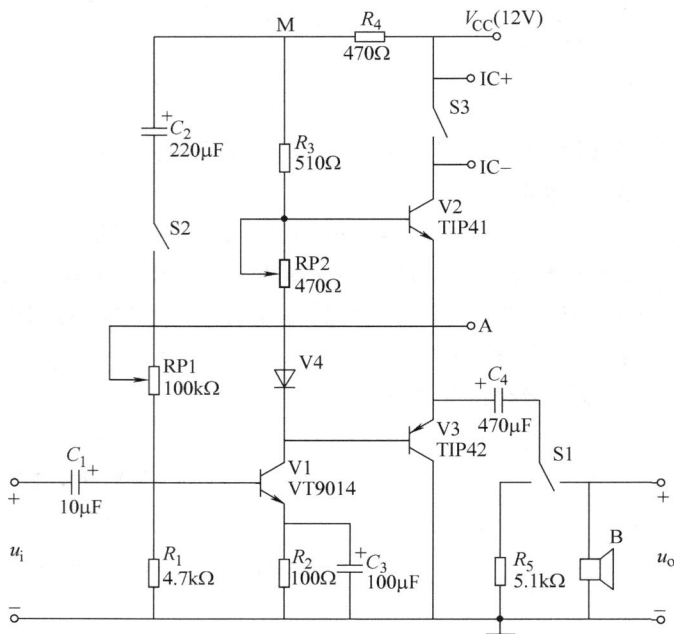

图 4-15　OTL 功率放大器电路

一、电路的组成

（1）激励放大级　由晶体管 V1 组成静态工作点稳定的分压式射极偏置放大电路。输入信号 u_i 经放大后由集电极输出，施加到晶体管 V2、V3 的基极，由 RP1 引入电压并联负反馈可以稳定静态工作点和提高输出信号电压的稳定度。

（2）功率放大输出级　晶体管 V2 和 V3 组成互补对称功放电路。RP2 和二极管 V4 为 V2、V3 提供适当的发射结电压，使它们在静态时处于微导通状态，以消除交越失真。通过调节 RP2（配合调节 RP1）可以调整功放管的静态工作点。二极管 V4 的正向压降随温度的升高而降低，对功放管还能起到一定的温度补偿作用。

二、电路的工作原理

假设输入信号 u_i 为负半周，经 V1 倒相放大后，施加到 V2 和 V3 基极的是正半周信号，功放管 V2 导通，V3 截止。负载 R_L 上获得正半周信号。当输入波形 u_i 为正半周时，负载（扬声器或者 R_5）获得负半周信号。如此两管轮流工作，在负载上可以得到完整的信号波形。

由于静态时 C_2 已经充有约为 $V_{CC}/2$ 的上正下负的电压，当 U_A 接近 V_{CC} 时，U_M 可以升高到 $3V_{CC}/2$，这样 V2 便可接近饱和导通，从而解决顶部失真问题。图中 R_4 为隔离电阻，它将电源 V_{CC} 与电容 C_2 隔开，使 M 点可获得高于 V_{CC} 的自举电压。

技能训练

一、训练内容

安装并调试如图 4-15 所示的 OTL 功率放大器电路。

二、设备、工具和材料准备

（1）工具、仪器仪表 通用示波器 1 台，正弦信号发生器 1 台，直流稳压电源 1 台，常用电子工具 1 套。

（2）元器件 电路所需元器件见表 4-15。

表 4-15 OTL 功率放大器所需元器件

序　　号	代号与名称	规　　格	数　　量
1	二极管 V4	1N4007	1
2	晶体管 V1	VT9014	1
3	晶体管 V2	TIP41	1
4	晶体管 V3	TIP42	1
5	电阻器 R_1	4.7kΩ	1
6	电阻器 R_2	100Ω	1
7	电阻器 R_3	510Ω	1
8	电阻器 R_4	470Ω	1
9	电阻器 R_5	5.1kΩ/0.25W	1
10	电位器 RP1	100kΩ	1
11	电位器 RP2	470Ω	1
12	电解电容器 C_1	10μF/25V	1
13	电解电容器 C_2	220μF/25V	1
14	电解电容器 C_3	100μF/25V	1
15	电解电容器 C_4	470μF/25V	1
16	扬声器 B	8Ω	1
17	开关 S1	单刀双掷	1
18	开关 S2 和 S3	单刀单掷	2
19	铝型散热片		2
20	电路板		1

三、操作步骤

1. 电路的安装

1）准备好无线电常用工具，根据图 4-15 所示 OTL 功率放大器电路及表 4-15 准备好相应的元器件，并进行测试。

2）按照电子元器件的焊接工艺，将元器件插装后再焊接固定，用硬铜导线根据电路的电气连接关系进行布线并焊接固定，组装好的电路板如图 4-16 所示，其焊接面如图 4-17 所示。

2. 电路的测试

（1）静态工作点调整

1）将开关 S2 闭合，开关 S1 接扬声器，开关 S3 断开，在测试端 IC + 和 IC - 串联电流表，调整 RP1 处于中间位置，使 RP2 接入电阻的大小为 0Ω。接通工作电源 + 12V，调整 RP1 使中点 A 电压等于 + 6V。

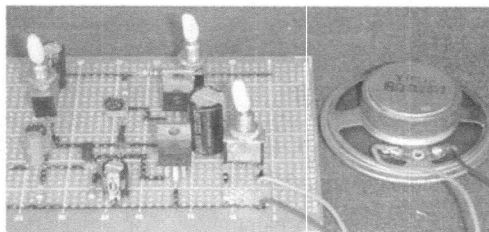

图 4-16　组装好的电路板

图 4-17　焊接面

2）将 $u_i = 100$mV，$f = 1$kHz 的音频正弦波信号接到输入端，用示波器在输出端观察 u_o 波形，逐渐增加输入信号的幅度，直到输出波形出现交越失真，并将看到的交越失真现象（波形）描绘下来。

3）调整 RP2 使输出波形的交越失真现象基本消除，并重新调整 RP1，以校正 A 点电压。电路调好后可以使 A 点电压保持为 6V，输出波形没有交越失真，电流表的数值小于 200mA。

（2）测量最大不失真输出功率 P_{OM}

1）将开关 S2 和 S3 闭合，S1 接负载扬声器 $R_L = 8$Ω，输入电压（$f = 1$kHz）逐渐增大幅度，用示波器观察输出波形，当输出电压略有失真时，测量以下数据：

输入电压 u_i（有效值），负载上的电压 u_o（有效值）。记录测量结果，并且根据公式 $P_{OM} = u_O^2/R_L$，计算最大不失真输出功率。

2）断开 S2（不接自举电路），重复上述操作步骤，记录测量结果，体会自举电路对最大不失真输出功率的影响。

3）将开关 S1 接负载 $R_5 = 5.1$kΩ，重复上述操作步骤，记录测量结果，了解负载的变化与最大不失真输出功率之间的关系。

将上述测量结果填入表 4-16。

表 4-16　主要测量参数

	开关 S1 接扬声器 $R_L = 8$Ω		开关 S1 接负载 $R_5 = 5.1$kΩ		交越失真波形的形状
	开关 S2 闭合	开关 S2 断开	开关 S2 闭合	开关 S2 断开	
U_i					
U_o					
P_{OM}					

四、成绩评分标准

成绩评分标准见表4-17。

表 4-17　成绩评分标准

序号	项目内容	评分标准	配分	扣分	得分
1	晶体管测量	判断晶体管类型和电极每错一处扣1分	12		
2	电路安装	电路安装不正确、不完整，一处不符合扣5分	10		
		元器件不完好，每损坏一处损坏扣2.5分	5		
		布局层次不合理，主次分不清每处不扣5分	10		
		接线不规范，每处扣2分	10		
		不按图接线每处扣8分	5		
3	静态工作点的调整	（1）有交越失真的输出波形形状记录不正确，每错一处扣6分 （2）调好的电路中点电压、电流表数值不在允许的范围内，输出波形有交越失真，每错一处扣6分	24		
4	最大不失真功率的测量	不能正确使用示波器测量 U_i 和 U_o 并计算 P_{OM}，每错一处扣6分	24		
5	工时	150min			

项目4.5　晶闸管触发电路的安装与调试

项目目的

1）掌握晶闸管触发电路的安装技能。

2）掌握晶闸管触发电路的调试技能。

项目内容

晶闸管触发电路的安装与调试。

相关知识点析

晶闸管是一种大功率半导体器件，可用于可控整流，也就是把交流电变换成输出电压可调的直流电，单结晶体管触发调光电路如图4-18所示。它可使灯泡两端的电压在几十伏至200V范围内变化，调光作用非常显著。

V5、R_2、R_3、R_4、RP、C组成单结晶体管张弛振荡器。在接通电源前，电容器C上的电压为零；接通电源后，电容经由R_4、RP充电使电压U_e逐渐升高。当U_e达到峰点电压时，e-b_1间开始导通，电容器上的电压经e-b_1向电阻R_3放电，在R_3上输出一个脉冲电压。由于 R_4、RP 的电阻值较大,当电容器上的电压降到谷点电压时,经由 R_4、RP 供给的电流小于谷点电流,不能满足导通要求,于是单结晶体管恢复阻断状态。此后,电容器 C 又重新充电,重复上述过程,结果在电容器两端形成锯齿波电压,在 R_3 上形成脉冲电压。在交流电压的每个半周期内,单结晶体管都将输出一组脉冲,起作用的第一个脉冲去触发 V 的门极,使晶闸管导通,灯泡开始发光。改变 RP 的电阻值,可以改变电容器充电时间的快慢,即改变锯齿波电压的振荡频率。从而改变晶闸管 V5 的导通角大小,即改变了可控整流电路的直流平均输出电压,达到调节灯泡亮度的目的。

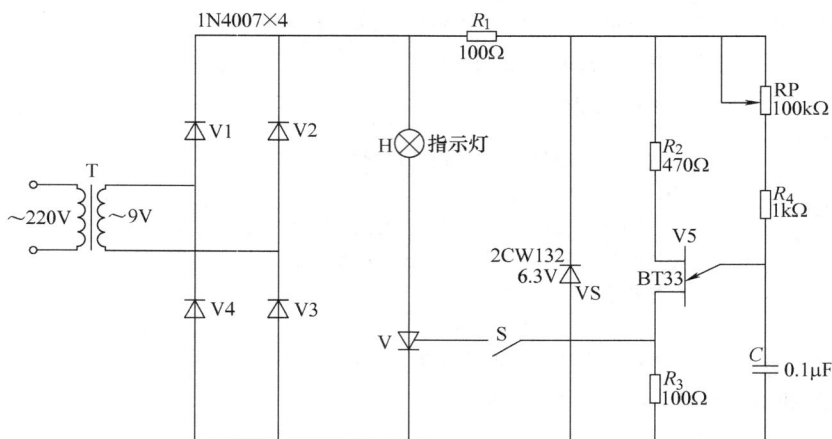

图 4-18　单结晶体管触发调光电路

技能训练

一、训练内容

安装并调试如图 4-18 所示的单结晶体管触发晶闸管调光电路。

二、设备、工具和材料准备

(1)仪器、仪表　通用示波器 1 台,正弦信号发生器 1 台,直流稳压电源 1 台,常用电子工具 1 套。

(2)元器件　晶闸管直流调光电路所需元器件见表 4-18。三联或二联万能印制电路板(600mm × 70mm × 2mm)1 块;单股镀锌铜线 AV0.1mm² (红色)若干;多股镀锌铜线 AVR0.1mm²(白色);松香和焊锡丝等,数量按需要而定。

三、操作步骤

1. 电路的安装

(1)安装前的准备工作　准备好无线电常用工具,根据图 4-18 所示晶闸管调光电路整理出相应的明细表,见表 4-18,准备好相应的元器件,并检查电阻、二极管、稳压二极管和电容等元器件的外观是否有损坏;检查元器件的技术数据是否与实际相符合;然后用万用表粗略测量元器件质量的好坏。

(2)焊接

1)焊接电阻时,采用"五步焊接方法"。

表 4-18　晶闸管调光电路元器件明细

序　　号	代号与名称		规　　格	数　　量
1	电源变压器 T		220V/9V	1
2	整流二极管 V1、V2、V3、V4		1N4007	4
3	稳压二极管 VS		2CW132	1
4	晶闸管 V		BT151	1
5	单结晶体管 V5		BT33	1
6	电阻器	R_1、R_3	100Ω	2
7		R_2	470Ω	1
9		R_4	1kΩ	1
10	电位器 RP		100kΩ	1
11	指示灯			1
12	电容器 C		0.1μF	1
13	开关		单刀单掷	1

2）焊接电容时，也应采用"五步焊接方法"。注意：电解电容器有正负极性之分，焊接时不要弄错，而其他电容无极性之分。

3）焊接二极管、稳压二极管时，采用"三步焊接方法"。注意焊接二极管、稳压二极管时间要短，控制在 2～4s 之内，以防烫坏二极管；稳压二极管焊接后，管脚的正负极性一定要正确，否则会造成电路短路。

4）焊接单结晶体管和晶闸管，焊接方法同上。

5）焊接连接导线，采用电阻的焊接法进行导线焊接。用硬铜导线根据电路的电气连接关系进行布线并焊接固定，接线规范：布线美观，横平竖直，接线牢固，无虚焊，焊点符合要求。组装好的电路板如图 4-19 所示，其焊接面如图 4-20 所示。

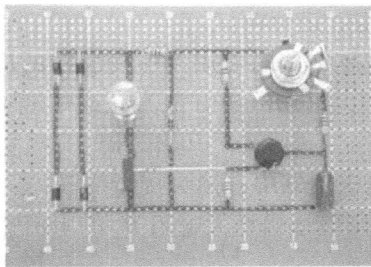

图 4-19　组装好的电路板

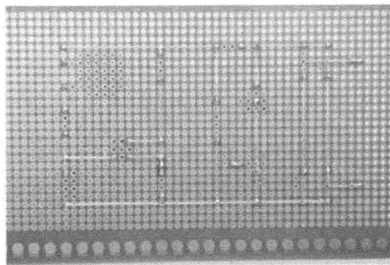

图 4-20　晶闸管调光电路的焊接面

2. 电路的测试

1）根据图 4-18 所示电路从电源端开始，逐步逐段校对电子元器件的技术参数；逐步逐段校对连接导线，检查焊点有无虚焊及外观质量。

2）分析电路的工作原理，确定电路调试的关键点。

3）用示波器观察各点波形是否符合要求。合上开关 S，调节 RP，用示波器观察指示灯两端电压 u_H（负载电压）波形，记录波形的形状，测量波形的频率和幅值，同时仔细观察指示灯亮度的变化，将记录填入表 4-19 中。

表 4-19　测试记录表

	负载电压 u_H		指示灯亮度变化	当增大 RP 时	
	频率				
	幅值			当减小 RP 时	

其中用示波器测量波形时，垂直输入灵敏度选择开关（V/DIV）每格_____ V，扫描时间转换开关（s/DIV）每格_____ ms。

3. 注意事项

1）将开关及电位器用螺母固定在印制电路板的孔上，电位器接线引脚要用导线连接到印制电路板的相应位置。

2）灯泡安装在灯头插座上，灯头插座固定在印制电路板上。根据灯头插座的尺寸，在印制电路板上钻削固定孔和导线串接孔。

3）印制电路板四周要用四个螺母固定和支撑。

4）由于电路直接与 220V 相连接，调试时应注意安全，防止发生触电事故。调试前要认真、仔细检查各元器件安装的情况及主电路与控制电路接线是否正确。要特别注意的是，晶闸管的门极不要与其他部分发生短路。最后接上灯泡，进行调试。

5）控制电路不可用调压变压器作为电源，而调试主电路时可用调压变压器的低电压调试。如果由 BT33 组成的单结晶体管张弛振荡电路停振，可能造成灯泡不亮或灯泡不可调光等现象。其原因可能是 BT33 或 C 损坏。

6）电位器顺时针旋转时，灯泡逐渐变暗，可能是电位器中心抽头接错位置。

7）当调节电位器 RP 至最小时，灯泡突然熄灭，则应适当增大电阻 R_4 的阻值。

8）安装时注意安全操作。

四、成绩评分标准

成绩评分标准见表 4-20。

表 4-20 成绩评分标准

序号	内 容	评 分 标 准	配分	扣分	得分
1	电路的安装	电路安装不正确1处扣5分	30		
		元器件不完好,无损坏1处损坏扣2.5分	5		
		布局层次不合理,主次分不清1处扣5分	10		
		接线不规范1处不符合扣2分	10		
2	电路的调试	通电调试不成功,扣10分	20		
3	波形的测量	(1)不能正确使用示波器测量波形扣10分 (2)测量的结果(波形形状和幅度)不正确每处错误扣5分	25		
4	工时	2h			

项目 4.6 555 定时器应用电路的安装与调试

项目目的

1)掌握 555 定时器应用电路的工作原理。
2)掌握集成电路的安装和调试技能。

项目内容

555 定时器应用电路的安装与调试。

相关知识点析

常用的由 555 定时器构成的门铃电路如图 4-21 所示,SB 为门铃按钮,其结构简图如图 4-22 所示。

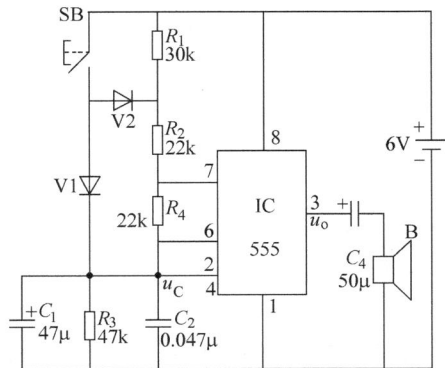

图 4-21 门铃电路

图 4-22 门铃电路结构简图

一、555 定时器

常用的 555 定时器有 TTL 定时器和 CMOS 定时器两种类型，两者的工作原理基本相同。图 4-23 所示为 CMOS 定时器 CC7555，它由电阻分压器、两个电压比较器和基本 RS 触发器、放电管 V 以及输出缓冲门 G5、G6 组成。

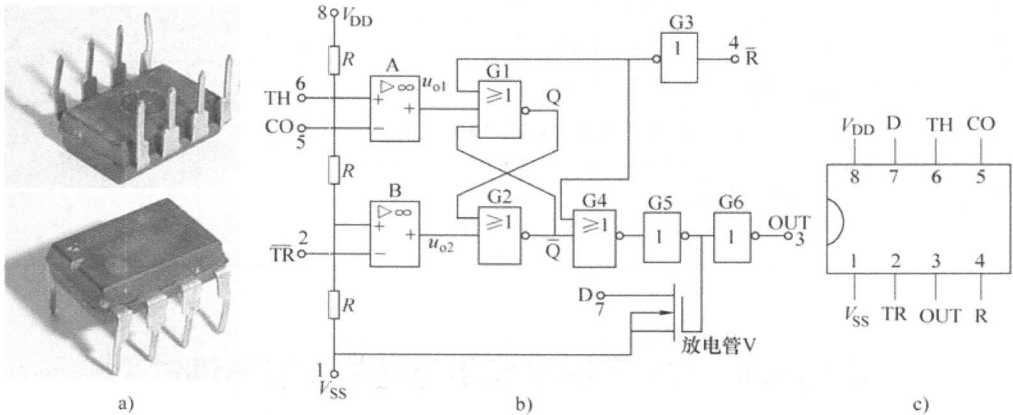

图 4-23　555 集成定时器 CC7555
a）外形　b）电路　c）引脚

1. 电阻分压器

电阻分压器由 3 个阻值相同的电阻 R 串联而成。由于集成运算放大器（简称运放）具有较高的输入阻抗，当 CO 端不施加电压时，$u_{CO} = 2V_{DD}/3$，运放 B 的 "+" 端电压为 $V_{DD}/3$。

2. 电压比较器

定时器的主要功能取决于集成运放 A、B 组成的比较器。比较器的输出直接控制基本 RS 触发器和放电管 V 的状态。比较器输出与输入之间的关系为

$$u_{TH} > \frac{2}{3}V_{DD}, \quad u_{o1} = 1$$

$$u_{TH} < \frac{2}{3}V_{DD}, \quad u_{o1} = 0$$

$$u_{\overline{TR}} > \frac{1}{3}V_{DD}, \quad u_{o2} = 0$$

$$u_{\overline{TR}} < \frac{1}{3}V_{DD}, \quad u_{o2} = 1$$

式中，TH 为阈值输入端，$\overline{TR}$ 为触发输入端。

3. 基本 RS 触发器

基本 RS 触发器由或非门 G1、G2 组成。$\overline{R}$ 是外部复位端，低电平有效。当 $\overline{R} = 0$ 时，$Q = 0$，基本 RS 触发器不管比较器的输出如何而强制复位；当 $\overline{R} = 1$ 时，定时器工作，基本 RS 触发器的状态取决于比较器的输出。

4. 放电管 V 和输出缓冲级

放电管为 N 沟道增强型 MOS 场效应晶体管。当 G5 开通时，V 截止，D 端与地断开；当 G5 关闭时，V 导通，D 端与地接通。

G5、G6 组成输出缓冲级，其作用是提高定时器的带负载能力，同时隔离负载对定时器的影响。

555 定时器的基本功能见表 4-21。

上述讨论是在 CO 端悬空的条件下进行的。如果 CO 端施加一个外加电压（其值在 $0 \sim V_{DD}$ 之间），比较器的参考电压将发生变化，电路的阈值、触发电平也将随之改变。

表 4-21 定时器的基本功能

输 入			输 出			
u_{TH}	$u_{\overline{TR}}$	$\overline{R}$	Q	$\overline{Q}$	OUT	V
×	×	0	0	×	0	导通
$< \frac{2}{3}V_{DD}$	$< \frac{1}{3}V_{DD}$	1	1	0	1	截止
$> \frac{2}{3}V_{DD}$	$> \frac{1}{3}V_{DD}$	1	0	1	0	导通
$> \frac{2}{3}V_{DD}$	$< \frac{1}{3}V_{DD}$	1	1	0	1	截止
$< \frac{2}{3}V_{DD}$	$> \frac{1}{3}V_{DD}$	1	原态	原态	原态	原态

555 定时器可做成单稳态触发器、多谐振荡器和施密特触发器等。

二、电路的工作原理

当按下按钮 SB 后，电源经 V2 对 C_1 充电。当集成电路④脚（复位端）电压大于 1V 时，电路振荡，扬声器中发出"叮"声。松开按钮 SB，电容 C_1 储存的电能经电阻 R_3 放电，此时集成电路④脚继续维持高电平而保持振荡，但这时因 R_1 电阻也接入振荡电路，振荡频率变低，使扬声器发出"咚"声。当电容器 C_1 上的电能释放一定时间后，集成电路④脚电压低于 1V，此时电路将停止振荡。再按一次按钮，电路将重复上述过程。

技能训练

一、训练内容

安装并调试如图 4-21 所示的门铃电路。

二、设备、工具和材料准备

本技能训练所需工具、仪表及器材包括：电子钳、电烙铁、镊子等常用电子组装工具 1 套；+15V 稳压电源、示波器、万用表各 1 台。其中，元器件的主要参数见表 4-22，实物及外形如图 4-24 所示。

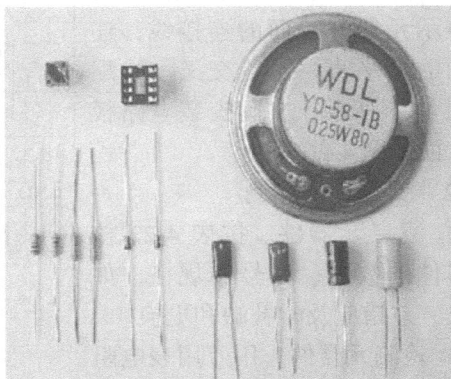

图 4-24 构成门铃电路的元器件

表4-22　元器件主要参数

代　号	名　称	型　号	数　量
V1　V2	二极管	2CP12	2
IC	555 定时器		1
	集成电路插座	8 脚	1
SB	按钮		1
R_1	电阻器	30kΩ	2
R_2　R_4	电阻器	22kΩ	2
R_3	电阻器	47kΩ	1
C_2	电容器	0.047μF	1
C_4	电容器	50μF	1
C_1	电容器	47μF	1
C_3	电容器	0.01μF	1
B	扬声器	0.25Ω8W	1
	电路板		1

三、操作步骤

1. 识别元器件

（1）集成电路　熟悉 555 定时器的外形及其引脚功能。

（2）扬声器　熟悉扬声器的外形及其连接方法。

2. 装配电路

（1）画出装配图　根据电路正确进行装配图的设计，可以两面布线，以焊点一面为主，图中焊点、连接线、元器件都是安装时的实际位置，实线表示焊点一面的连接线，虚线表示元器件一面的连接线，连接线画的要平直，不能交叉。装配图如图 4-25 所示。实际安装电路板的焊点面如图 4-26 所示。

（2）元器件的检测

1）清点元器件。按表 4-22 核对元器件的数量、型号和规格，如有短缺、差错应及时补缺和更换。

2）检测元器件。用万用表电阻挡对元器件进行检测，不符合质量要求的应剔除并更换。

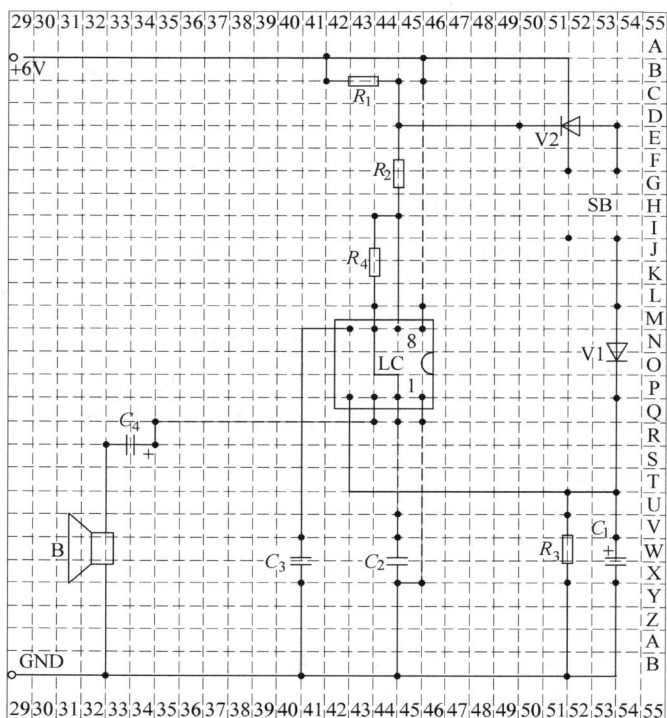

图 4-25　装配图

（3）试验板的插装与焊接

1）按装配图将元器件插装到试验板上，基本安装原则是：先低后高、先里后外，上道工序不得影响下道工序。

2）电阻器采用卧式安装占用 4 个焊盘，紧贴板面安装，色标法电阻的色环标志顺序方向一致。

3）集成电路应安装到相应插座上，插座标记口的方向应与实际集成电路标记口的方向一致。将集成电路插入插座时，应避免插反或引脚未完全插入等现象。8 脚插座占 4 ×4 个焊盘。如果使用集成电路插座在印制板上焊接，焊接方法与焊接二极管方法相同。如果直接焊接集成块，一般采用"三步焊接法"，引脚焊接的顺序为：接地端→输出端→电源→输入端。注意：每个焊点的焊接时间要尽量短。

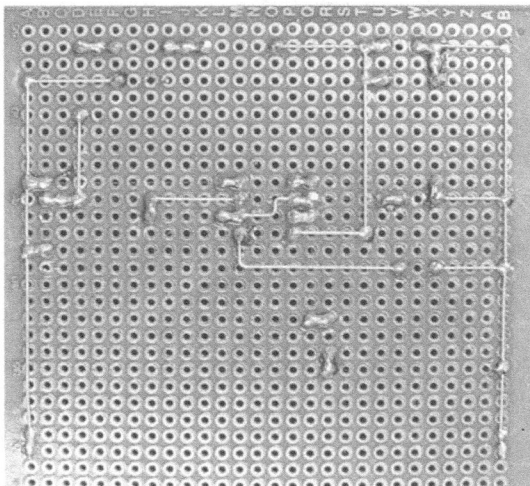

图 4-26　实际安装电路板的焊点面

4）按钮占用 3 ×4 个焊盘。

5）电容器占用 2 个焊盘，引脚高度 3mm。

6）连接导线在焊点面上拐弯时，采用直角形状，直角处用焊点固定。

7）所有焊点均采用直脚焊，焊后剪去多余引脚。

安装好的门铃电路板如图 4-27 所示。

图 4-27　门铃电路板

3. 测试电路

按图 4-22 所示对门铃电路进行测试。

1）电路安装完成后，应对照测试电路和装配图进行认真检查。

2）用万用表检测电源是否存在短路，确认无误后插上集成电路，方可通电测试。

3）将集成电路的⑧脚与电源相连接。按下按钮 SB，再松开 SB，用示波器观察 u_C、u_o 的波形，聆听扬声器的声音，将记录结果填入表4-23，并分析测量结果。

表4-23　测试数据

测量点	电压值/V							
集成电路引脚	1	2	3	4	5	6	7	8
鸣叫时								
不鸣叫时								
观察记录③脚的波形								
制作、调试中出现的故障和排除方法								

4. 注意事项

1）二极管 V2 不能接反，如果 V2 接反，按下按钮 SB，电源不能对 C_1 进行充电，④脚为低电平，门铃电路不工作。

2）如果 R_1 开路，当按下按钮 SB，电路振荡并发出"叮"声；松开按钮 SB，因为振荡回路开路，而不发声音。

3）改变 C_2 的数值，变音门铃的音节会发生变化。

四、成绩评分标准

成绩评分标准见表4-24。

表4-24　成绩评分标准

序号	项目内容		评分标准	配分	扣分	得分
1	按图焊接	排列	排列不整齐扣5～10分	10		
2		焊点	（1）焊点毛糙扣5～10分	25		
3			（2）虚焊、漏焊，每处扣10分			
4	调试	波形测量	不会使用示波器观察波形扣5～8分	20		
		参数测量	参数测量不正确，每处扣5分	35		
5	安全文明生产		每项不合格扣5～10分	10		

项目4.7　计数器动态显示控制电路的安装与调试

项目目的

1）掌握常用数字电路的综合应用。

2）掌握计数器动态显示控制电路的安装和测试。

项目内容

计数器动态显示控制电路的安装与调试。

相关知识点析

一、四位十进制计数器

如图 4-28 所示，由 555 定时器构成振荡器，并将输出的矩形脉冲送至计数器，两片双二－五十进制计数器 DX74LS390 构成 10000 进制计数器。当按下复位按钮 S 时，正脉冲施加到计数器的复位端，使计数器复位。当有计数脉冲时，该计数器将按十进制规律进行计数，最大计到 9999。

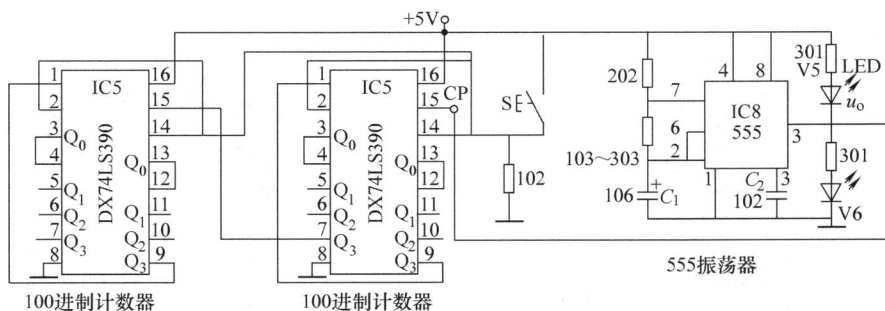

图 4-28　10000 进制计数器

二、动态显示段控电路

1. 二进制计数器

二进制计数器由双 D 触发器 74LS74 构成，74LS74 的引脚排列如图 4-29 所示，各引脚功能说明如下：

（1）1D　第一个 D 触发器的信号输入端。

（2）1CP　第一个 D 触发器的触发脉冲输入端。

（3）1Q　第一个 D 触发器的输出端。

（4）1$\overline{R}_D$　第一个 D 触发器的复位端。

（5）1$\overline{S}_D$　第一个 D 触发器的置位端。

（6）2D　第二个 D 触发器的信号输入端。

（7）2CP　第二个 D 触发器的触发脉冲输入端。

（8）2Q　第二个 D 触发器的输出端。

（9）2$\overline{R}_D$　第二个 D 触发器的复位端。

（10）2$\overline{S}_D$　第二个 D 触发器的置位端。

（11）V_{CC}　电源。

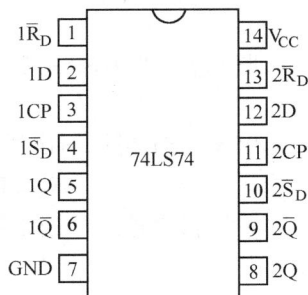

图 4-29　74LS74 的引脚排列

如图 4-30 所示，其中环形振荡器为二进制计数器提供计数脉冲。

2. 数据选择器

数据选择器的功能是从多个数据输入端选择一个作为输出。图 4-31 所示为 CT74LS153 型 4 选 1 数据选择器逻辑图。图中，D3 ~ D0 是 4 个数据输入端；A1 和 A0 是选择端；S 是选通端或者称为使能端，低电平有效；W 是输出端。图 4-32 所示为 CT74LS153 型 4 选 1 数据选择器的引脚排列。

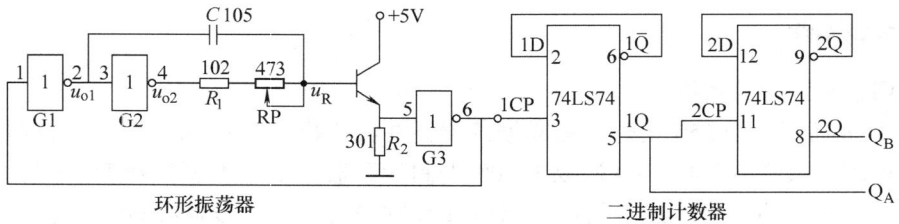

图 4-30　环形振荡器和二进制计数器

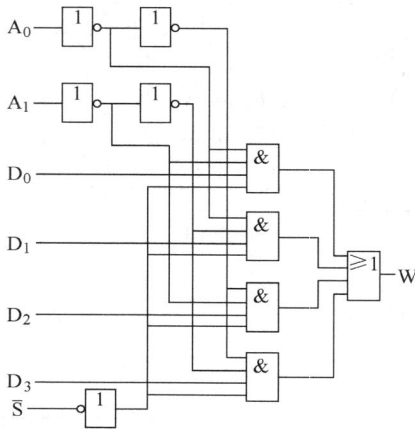

图 4-31　CT74LS153 型 4 选 1 数据选择器

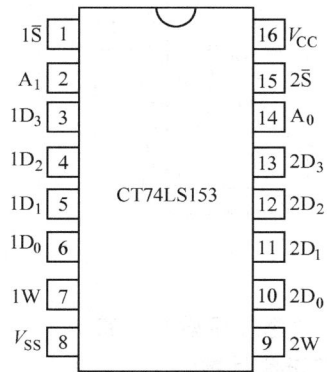

图 4-32　CT74LS153 引脚排列

由图 4-31 可以写出逻辑表达式为

$$W = D_0 \overline{A_1}\ \overline{A_0}S + D_1 \overline{A_1}A_0S + D_2 A_1 \overline{A_0}S + D_3 A_1 A_0S$$

由逻辑表达式可列出选择器的功能，见表 4-25。

表 4-25　CT74LS153 型数据选择器的功能

选　择		选　择	输　出
A_1	A_0	$\overline{S}$	Y
×	×	1	0
0	0	0	D_0
0	1	0	D_1
1	0	0	D_2
1	1	0	D_3

当 $\overline{S} = 1$ 时，$W = 0$，禁止选择；$\overline{S} = 0$ 时，正常工作。

3. 动态显示控制电路原理

动态显示原理控制电路原理如图 4-33 所示，二进制计数器的输出 $Q_B Q_A$ 控制数据选择器的地址选择端 $A_1 A_0$，从而控制数据选择器每一时刻只有一位十进制数的 8421 码输出，送译码显示，见表 4-26。

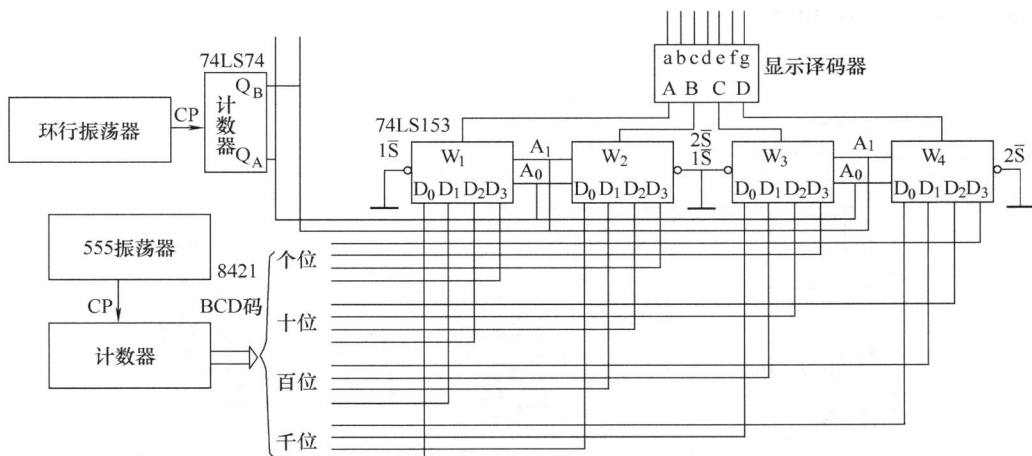

图 4-33　动态显示控制电路原理

表 4-26　二进制计数器控制段码输出对应关系

二进制计数器的输出		选　择		输　　出			
Q_B	Q_A	A_1	A_0	W_4	W_3	W_2	W_1
0	0	0	0	D_0	D_0	D_0	D_0（个位数）
0	1	0	1	D_1	D_1	D_1	D_1（十位数）
1	0	1	0	D_2	D_2	D_2	D_2（百位数）
1	1	1	1	D_3	D_3	D_3	D_3（千位数）

三、动态显示位控电路

1. 二进制译码器

二进制译码器采用双 2-4 译码器 74LS139，其引脚排列如图 4-34 所示，功能见表 4-27。

表 4-27　CT74LS139 型译码器的功能

输　　入		选　择	输　　出			
A_1	A_0	$\overline{S}$	Y_3	Y_2	Y_1	Y_0
×	×	1	1	1	1	1
0	0	0	1	1	1	0
0	1	0	1	1	0	1
1	0	0	1	0	1	1
1	1	0	0	1	1	1

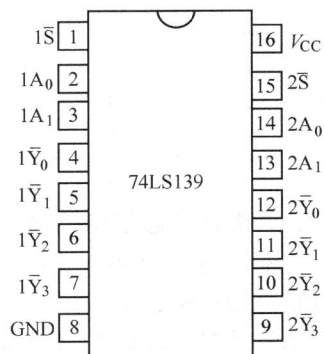

图 4-34　74LS139 引脚排列

2. 位控电路

如图 4-35 所示，当二进制计数器 $Q_B Q_A = 00$ 时，数据选择器选通计数器个位数字的 8421 码，送译码器显示；同时当二进制计数器 $Q_B Q_A = 00$ 时，经二进制译码器 74LS139 译码，只有 74LS139 的 Y_0 为低电平，Y_3、Y_2、Y_1 都为高电平，经 74LS06 反向驱动后，只有晶体管 VT1 导通，VT2、VT3 和 VT4 均截止，LED 数码管为共阴极，所以只有最低位数码管被点亮，显示各位数字，见表 4-28。

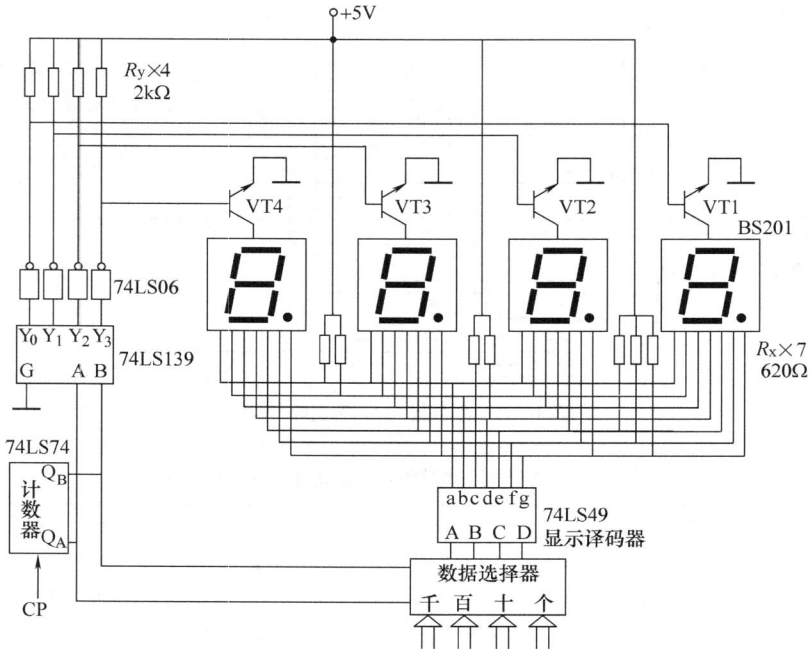

图 4-35　动态显示段控电路

表 4-28　位控电路循环显示状态

译码输入		译码输出				晶体管状态				显示器状态			
A_1	A_0	Y_3	Y_2	Y_1	Y_0	VT4	VT3	VT2	VT1	千	百	十	个
0	0	1	1	1	0	截止	截止	截止	导通	灭	灭	灭	亮
0	1	1	1	0	1	截止	截止	导通	截止	灭	灭	亮	灭
1	0	1	0	1	1	截止	导通	截止	截止	灭	亮	灭	灭
1	1	0	1	1	1	导通	截止	截止	截止	亮	灭	灭	灭

四、计数器动态显示控制电路

图 4-36 所示为四位十进制计数器动态显示控制电路板，图 4-37 所示为计数器动态显示控制电路结构框图，演示如下：

开始计数时，四位 LED 数码管显示计数值。调整环形振荡器 CP1 的频率，即调节电位器，可观察到四位 LED 数码管的显示会出现跳跃，不连续，可发现数码管是逐位被点亮的。当反向调节电位器时，可观察到四位 LED 数码管的显示又会变成同时显示。按下复位按钮，

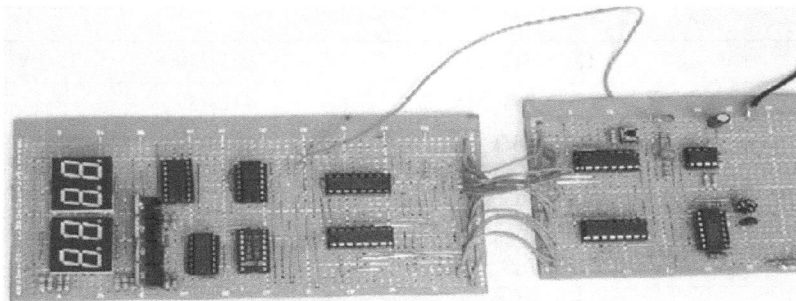

图 4-36　计数器动态显示控制电路板

数码管显示"0000"。

四位十进制计数器动态显示控制电路由振荡器、计数器、数据选择器、译码显示等部分组成。555振荡器的输出作为计数器的计数脉冲，环形振荡器用来控制每位 LED数码管点亮的时间。二进制计数器的输出送二进制译码器和数据选择器，控制四位十进制数的某一位数的 8421 码被选通进入译码显示，而二进制译码器同时使相应位的数码管被选通点亮，所以每一瞬时只有一位数码管显示数字。

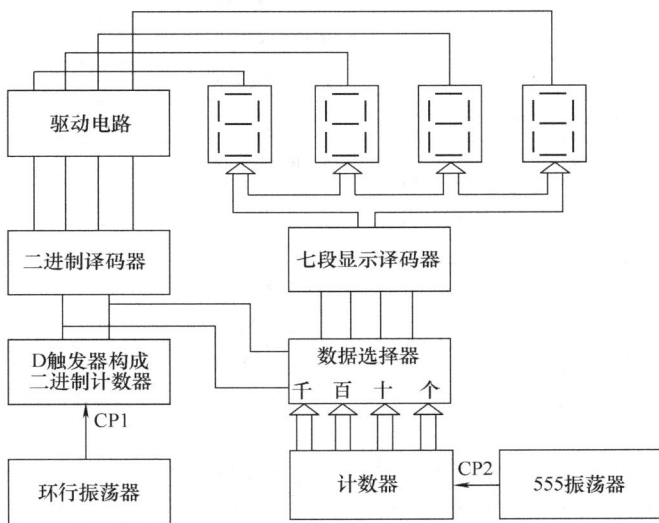

图 4-37　计数器动态显示控制电路结构框图

技能训练

一、训练内容

安装并调试如图 4-36 所示的动态显示控制电路。

二、设备、工具和材料准备

（1）工具、仪表及器材　电子钳、电烙铁、镊子等常用电子组装工具 1 套；＋15V 稳压电源、万用表、双踪示波器。

（2）元器件　本技能训练所需元器件见表 4-29。

表 4-29　技能训练所需元器件

代　号	名　称	型　号	数　量
V2	红发光二极管		1
V3	绿发光二极管		1
IC10	555 定时器		1
IC11 IC12	双二－五十进制计数器	74LS390	2
IC5	双 D 触发器	74LS74	1

（续）

代　号	名　称	型　号	数　量
IC7　IC8	数据选择器	74LS153	2
IC6	二进制译码器	74LS139	1
IC4	反向器	74LS06	1
IC3	译码器	74LS48	4
IC1　IC2	LED 显示器	BS201	4
IC9	反向器	CD4069UBE	1
	集成电路插座	24 脚	2
	集成电路插座	16 脚	6
	集成电路插座	14 脚	3
	集成电路插座	8 脚	1
T1　T2　T3	晶体管	3DK2	3
RP1	电位器	47kΩ	1
R_{12}	电阻器	30kΩ	1
R_{19}	电阻器	1kΩ	2
$R_1 \sim R_4$　R_{10}	电阻器	2kΩ	5
$R_5 \sim R_{11}$	电阻器	620Ω	7
R_{13}　R_{14}　R_{18}	电阻器	300Ω	3
C_2	电容器	0.01μF	1
C_3	电容器	10μF	1
C_1	电容器	1μF	1

三、操作步骤

1. 识别集成电路

熟悉双 D 触发器 74LS74、数据选择器 74LS153、二进制译码器 74LS139、反向器 74LS06 和译码器 74LS48 的外形及其引脚功能。

2. 装配电路

（1）画出装配图　装配图如图 4-38 所示。

（2）检测元器件

1）清点元器件。按表 4-29 核对元器件的数量、型号和规格，如有短缺、差错应及时补缺和更换。

2）检测元器件。用万用表电阻挡对元器件进行检测，对不符合质量要求的元器件剔除并更换。

3）试验板的插装与焊接。

① 按照装配图将元器件插装到试验板上，基本安装原则是：先低后高，先里后外，上道工序不得影响下道工序。

② 电阻器采用卧式安装时需要占用 4 个焊盘，应紧贴板面安装，色标法电阻的色环标

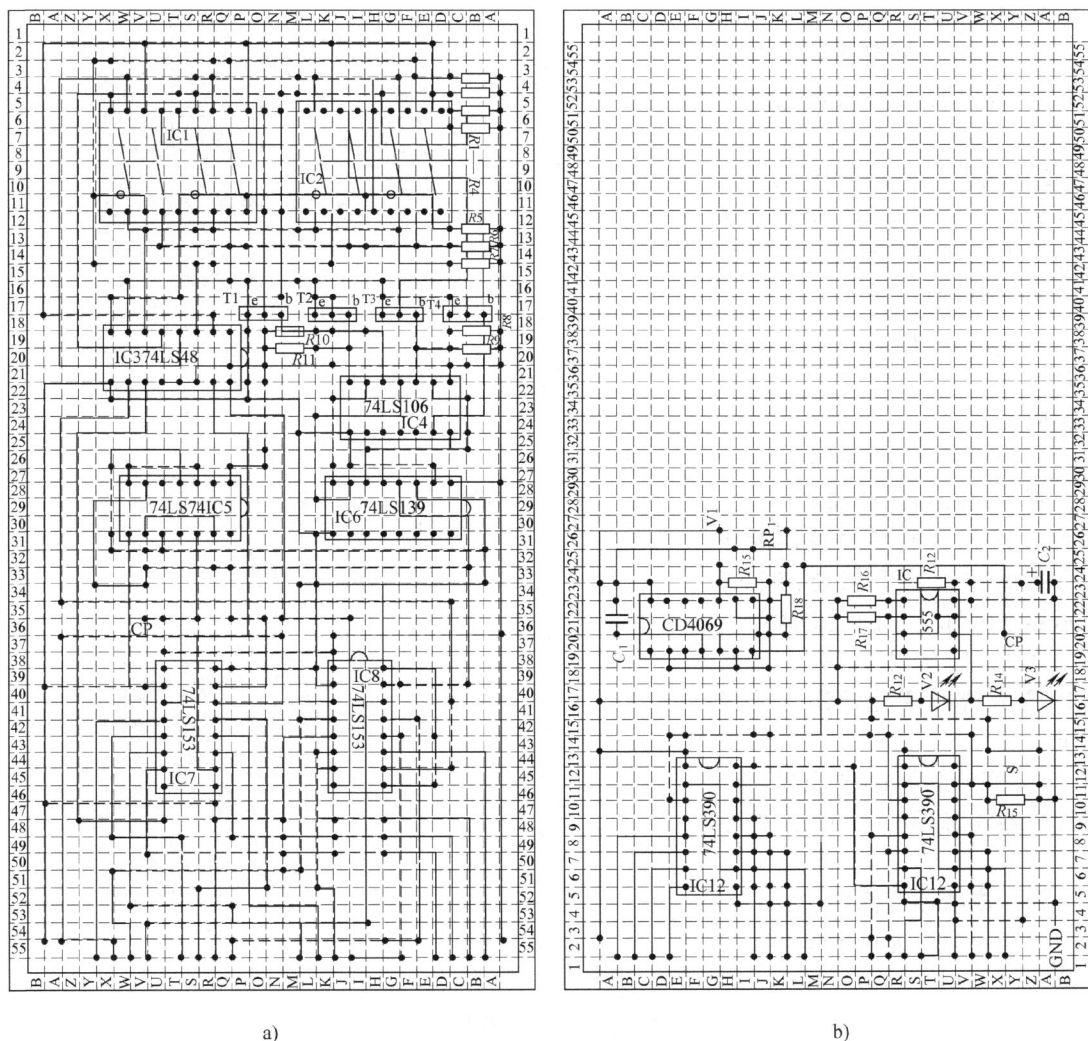

图 4-38　计数器动态显示电路装配图

志顺序方向一致。

③ 集成电路应安装到相应插座上，插座标记口的方向应与集成电路标记口方向一致。将集成电路插入插座时，应避免插反及引脚未完全插入等现象。16 脚的插座占 4×8 个焊盘，14 脚的插座占 4×7 个焊盘，8 脚的插座占 4×4 个焊盘。

④ 电位器占用 3×3 个焊盘。

⑤ 发光二极管占用两个焊盘，引线脚高度与集成电路插座高度相等。

⑥ 导线连线在焊点面上拐弯时，采用直角形状，直角处用焊点固定。

⑦ 电容器引线脚高度 3mm。

⑧ 所有焊点均采用直脚焊，焊后剪去多余引脚。

实际安装电路板的焊点面如图 4-39 所示，安装好的电路板如图 4-36 所示。

3. 测试电路

1）电路安装完成后，对照测试电路和装配图认真进行检查。

2）用万用表检测电源是否存在短路，确认无误后插上集成电路，然后通电测试。

3）测试要求：

① 接通电源后，仔细观察LED显示器的变化情况，并做好相应记录。

②调整环形振荡器的电位器，观察 LED 显示器的变化，用示波器观测环形振荡器的频率，测试并记录下来能使 LED 显示器不闪烁显示的最低频率。

③ 按下复位按钮，观察LED显示器的变化情况，并做好记录。

4）完成观察测试记录，分析计数器动态显示电路的工作原理。

四、成绩评分标准

成绩评分标准见表4-30。

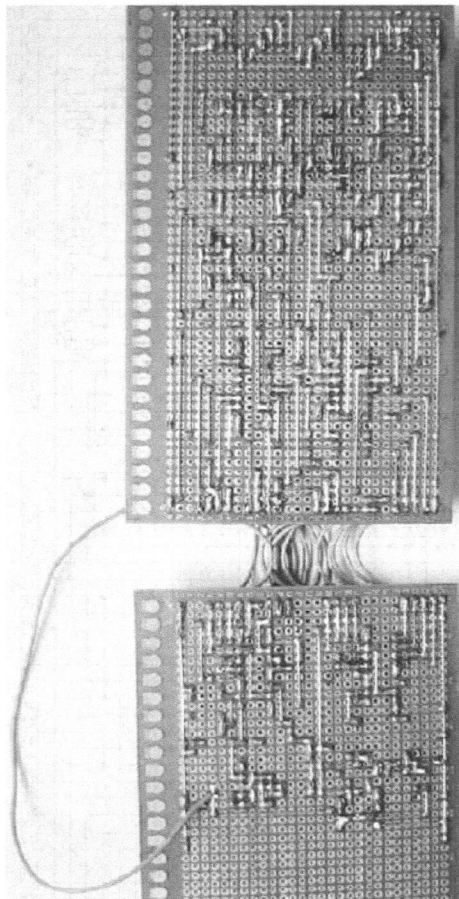

图 4-39　实际安装电路板的焊点面

表 4-30　成绩评分标准

内　　容	要　　求		评　分　标　准	配分	扣分	得分
元器件识别与选用	识别与选用正确		每错一处扣5分	10		
电路装配与焊接	装配正确，符合工艺要求，焊点符合焊接要求	电路安装正确，完整	一处不符合扣5分	10		
		元器件完好，无损坏	一处损坏扣2.5分	5		
		布局层次合理，主次分清	一处不符合扣5分	15		
		接线规范：布线美观，横平竖直，接线牢固，无虚焊，焊点符合要求	一处不符合扣2分	10		

（续）

内　容	要　求	评 分 标 准	配分	扣分	得分
电路调试	通电调试成功	通电调试不成功扣10分	10		
参数测量	万用表、示波器使用正确，观测方法、结果正确	一处不符合扣5分	30		
安全生产	按国家颁发的安全生产法规或企业自定的规定考核	（1）每违反一项规定从总分中扣除2分（2）发生重大事故加倍扣分（总扣分不超过10分）	10		

项目 4.8　10～99s 定时控制电路的安装与调试

项目目的

1）掌握 10～99s 定时控制电路的工作原理。

2）掌握 10～99s 定时控制电路的安装和调试。

项目内容

10～99s 定时控制电路的安装与调试。

相关知识点析

实际生活和生产中，经常要用到定时控制电路，例如：微波炉加热食物时，首先要进行时间设定，然后启动，微波炉自动加工，时间到后会自动停止。

定时控制电路的结构框图如图4-40所示，由设定电路进行时间设定，启动定时器后，计数器开始计数，并由译码显示电路进行显示，当定时时间到，计

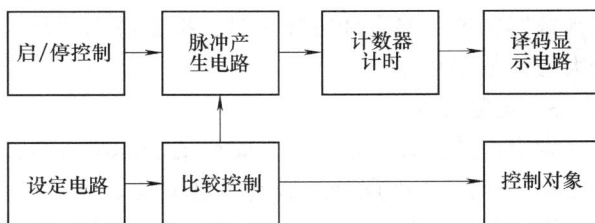

图 4-40　定时控制电路结构框图

数器停止计数。设定电路的定时时间可以用前面所学的编码器输入，这个值由比较器与计数器的计数值相比较，当两个数值相等时，比较器将发出一个控制信号封锁计数脉冲，从而使计数器停止计数，同时作用于被控对象。计数器的计数脉冲由脉冲产生电路提供，可以采用常用的 555 定时器构成。

一、电路原理分析

定时控制电路如图 4-41 所示。0～99s 定时器由振荡、复位、预置、启动、定时计数、译码显示等部分组成。

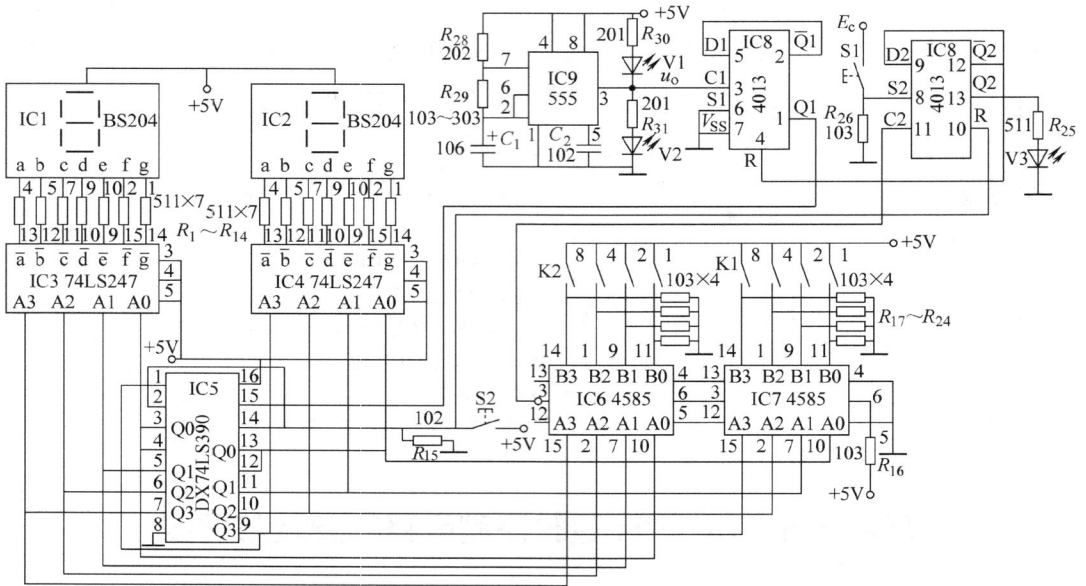

图 4-41　定时控制电路

1. 脉冲产生电路

脉冲产生电路由 555 定时器构成的振荡器组成，如图 4-42 所示，振荡器输出的脉冲周期为 0.5s。

2. 计时电路

计时电路由双二-五十进制计数器 74LS390 组成，74LS390 构成 100 进制的计数器，如图 4-43 所示。S2 为复位按钮，当按下该按钮时，正脉冲施加到计数器的复位端使计数器复位。当有计数脉冲时，按十进制规律进行计数，最大可计数到 99。

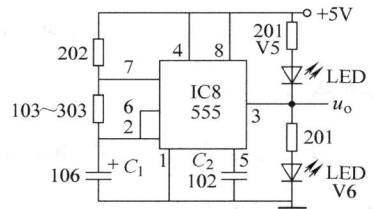

图 4-42　555 定时器构成的振荡器

3. 设定电路

设定电路由编码器构成。编码器的作用由编码开关来实现，将 0 ~ 9 转换成 8421 码，如图 4-44 所示。当编码开关拨到要显示数字时，S1 ~ S4 会相应打开或闭合。例如：编码开关拨到显示数字 5 时，则 S1 和 S3 打开，S2 和 S4 闭合，输出 8421 码为 0101。

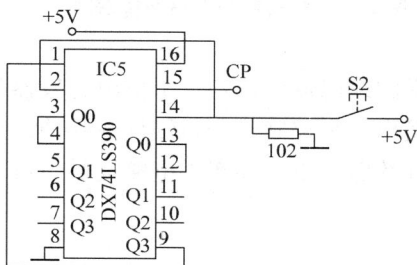

图 4-43　100 进制计数器

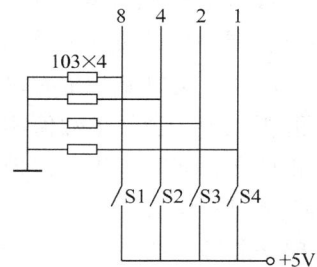

图 4-44　编码开关工作原理

4. 译码显示电路

译码显示电路如图 4-45 所示。

5. 比较控制电路

比较控制电路由比较器和触发器组成。

（1）比较器　四位数字比较器 CMOS4585 的真值表见表 4-31。比较器控制原理如图 4-46 所示，来自编码开关的设定值与计数值相进行比较，当计数值达到设定值时，比较器即可输出控制信号。

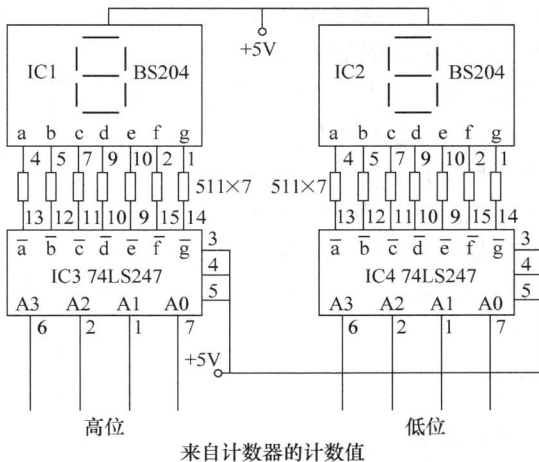

图 4-45　译码显示电路

表 4-31　CMOS4585 的真值表（简化）

输　　入				输　　出		
A3 B3	A2 B2	A1 B1	A0 B0	A > B	A < B	A = B
A3 > B3	Φ	Φ	Φ	1	0	0
A3 < B3	Φ	Φ	Φ	0	1	0
A3 = B3	A2 > B2	Φ	Φ	1	0	0
A3 = B3	A2 < B2	Φ	Φ	0	1	0
A3 = B3	A2 = B2	A1 > B1	Φ	1	0	0
A3 = B3	A2 = B2	A1 < B1	Φ	0	1	0
A3 = B3	A2 = B2	A1 = B1	A0 > B0	1	0	0
A3 = B3	A2 = B2	A1 = B1	A0 < B0	0	1	0
A3 = B3	A2 = B2	A1 = B1	A0 = B0	0	0	1

（2）触发器控制电路　D 触发器的控制原理如图 4-47 所示，可以利用 D 触发器来控制计数脉冲的通过和封锁。

当 S1 按下启动按钮 S1 时，正脉冲加到置"1"端（S2），使 $Q2 = 1$，$\overline{Q2} = 0$，置"0"端 $R1 = 0$ 不起作用，周期为 0.5s 的振荡脉冲经 D 触发器二分频后，Q1 输出周期为 1s 的脉冲作为计数器的计数脉冲。当计数值

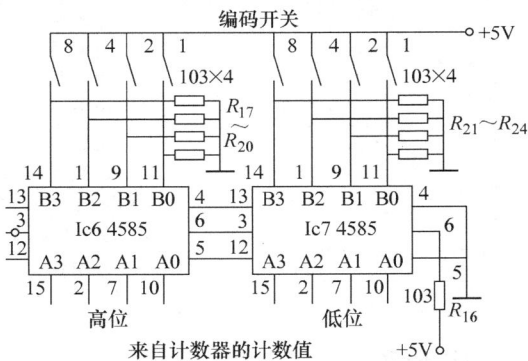

图 4-46　比较器控制原理

和设定值相等时，比较器将控制信号送到 D 触发器的脉冲输入端，使 D 触发器发生翻转，即 $Q2 = 0$，$\overline{Q2} = 1$，进而使 $R1 = 1$，则 $Q1 = 0$，封锁计数脉冲。当手动复位时，$R2 = 1$，则 $Q2 = 0$，$\overline{Q2} = 1$，又使 $R1 = 1$，故 $Q1 = 0$，封锁计数脉冲。

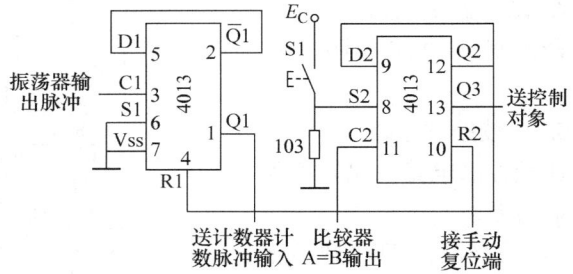

图 4-47　D 触发器控制原理

技能训练

一、训练内容

安装并调试如图 4-41 所示的 0 ~ 99s 定时控制电路。

二、设备、工具和材料准备

本技能训练所需仪器、仪表及材料，见表 4-32。

表 4-32　仪器仪表及材料

序号	代 号	名 称	型 号	数 量
1	V1	红发光二极管		1
2	V2	绿发光二极管		1
3	V3	黄发光二极管		1
4	IC3、IC4	译码器	74LS247	2
5	IC6、IC7	四位数字比较器	CMOS4585	2
6	IC5	双二-五十进制计数器	74LS390	1
7	IC8	双 D 触发器	CD4013	1
8	IC1、IC2	LED 显示器	BS204	2
9		集成电路插座	24 脚	1
10		集成电路插座	16 脚	5
11		集成电路插座	14 脚	1
12		集成电路插座	8 脚	1
13	$R_{16} \sim R_{24}$	电阻器	10kΩ	11
14	R_{29}	电阻器	30kΩ	1
15	R_{15}	电阻器	1kΩ	1
16	R_{28}	电阻器	2kΩ	2
17	R_{30}、R_{31}	电阻器	200Ω	2
18	C_2	电容器	0.01μF	1
19	C_1	电容器	10μF	1
20		试验板		1
21		常用电子组装工具		1 套
22		+15V 稳压电源		1 处
23		万用表		1 块
24		双踪示波器		1 台

三、训练步骤

1. 识别元器件

识别集成电路，熟悉 8421 码拨盘开关的外形及其引脚功能。

1）熟悉四位数字比较器 CMOS4585 的外形及其引脚功能，如图 4-48 所示。

2）熟悉 CD4013 引脚排列，如图 4-49 所示。

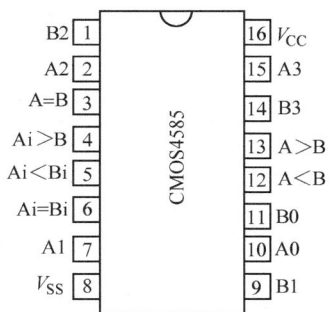

图 4-48　四位数字比较器 CMOS4585 的外形

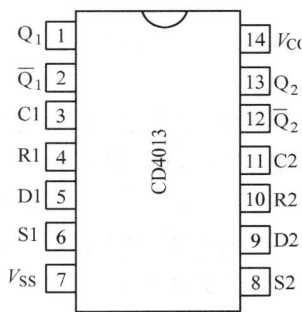

图 4-49　CD4013 引脚排列

2. 装配电路

1）根据图 4-41 正确进行装配图的设计，可以两面布线，以焊点一面为主。图中焊点、连接线、元器件都是安装时的实际位置，实线表示焊点一面的连接线，虚线表示元器件一面的连接线，连接线画的要平直，不能交叉，如图 4-50 所示。

2）按表 4-32 核对元器件的数量、型号和规格，如有短缺、差错应及时补缺和更换，并检测元器件（见图4-51）。

3）试验板的插装与焊接。

① 按照装配图将元器件插装到试验板上，基本安装原则是：先低后高、先内后外，且上道工序不得影响下道工序。

② 电阻器采用卧式安装时需要占用 4 个焊盘，应紧贴板面安装，色标法电阻的色环标志顺序方向一致。

③ 集成电路应安装到相应插座上，插座标记口的方向应与集成电路标记口方向一致，将集成电路插入插座时，应避免插反、引脚未完全插入等现象。16 脚的插座占 4×8 个焊盘，14 脚的插座占 4×7 个焊盘，8 脚的插座占 4×4 个焊盘。

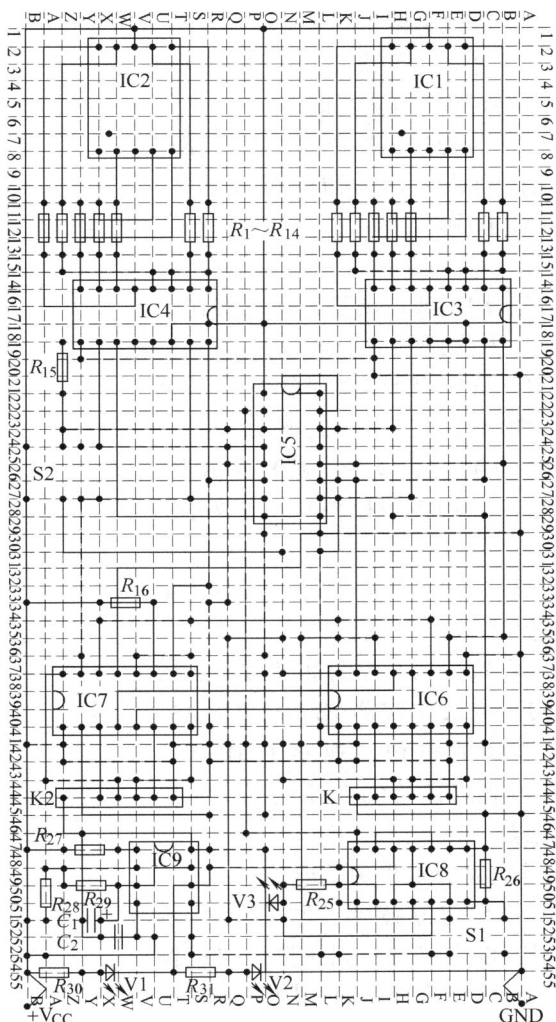

图 4-50　装配图

④ 发光二极管占用两个焊盘，引线脚高度与集成电路插座高度相等。

⑤ 电容器引线脚高度约为3mm。

⑥ 连接导线在焊点面上拐弯时，应采用直角形状，且直角处用焊点加以固定。

⑦ 所有焊点均采用直脚焊，焊接完成后要剪去多余引脚。

安装好的电路板如图4-52所示。

3. 测试电路

1）电路安装完成后，应对照测试电路和装配图认真进行检查。

2）用万用表检测电源是否存在短路，确认无误后插上集成电路，然后通电测试。

3）测试要求

① 用示波器观察振荡器的输出波形，并做好相应记录。

② 置拨码开关为数字99，按下S1，测试比较器IC6的输出13、3、12脚的电位，观察LED显示器、发光二极管的变化情况，并做好记录。

③ 置拨码开关为另一数字，重复进行观察及测试。

④ 置拨码开关为非零数字，按下S2，测试比较器IC6的输出13、3、12脚的电位，观察LED显示器、发光二极管的变化情况，并做好记录。

4）完成观察测试记录。

按下复位按钮，数码管显示"00"，设定定时时间，按下启动按钮，定时器开始计时，同时黄发光二极管亮，当设定时间到后，定时器停止计时，黄发光二极管熄灭。

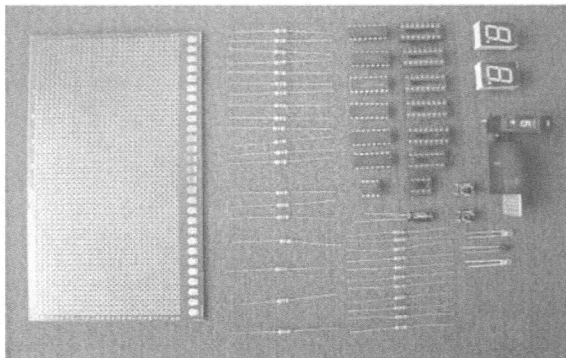

图4-51　元器件

图4-52　实际安装电路板

四、成绩评分标准

成绩评分标准见表4-33。

表4-33　成绩评分标准

内容	要　　求		评 分 标 准	配分	扣分	得分
元器件识别与选用	识别与选用正确		每错一处扣5分	10		
电路装配与焊接	装配正确，符合工艺要求，焊点符合焊接要求	电路安装正确，完整	一处不符合扣5分	10		
		元器件完好，无损坏	一处损坏扣2.5分	5		
		布局层次合理，主次分清	一处不符合扣5分	15		
		接线规范，布线美观，横平竖直，接线牢固，无虚焊，焊点符合要求	一处不符合扣2分	10		
电路调试	通电调试成功		通电调试不成功扣10分	10		
参数测量	万用表、示波器使用正确，观测方法、结果正确		一处不符合扣5分	30		
安全生产	按国家颁发的安全生产法规或企业自定的规定考核		（1）每违反一项规定从总分中扣2分 （2）发生重大事故加倍扣分（总扣分不超过10分）	10		

项目4.9　数字电压表电路的安装与调试

项目目的

1）掌握数字电压表电路的工作原理。

2）掌握数字电压表电路安装和调试技能。

项目内容

数字电压表电路的安装与调试。

相关知识点析

一、电路组成

数字电压表电路如图4-53所示，该电路主要由MC14433模/数转换器、CD4511 BCD锁存/七段译码/驱动器、ULN2003AN 反向驱动器、共阴极 LED 发光数码管等器件组成。CD4511 具有拒绝伪码的特点，当输入数据超过十进制数 9（1001）时，显示字形将自行消隐，也就是说，低电平时 CD4511 使所有段均自行消隐。

CD4511 各引脚的功能说明如下：

（1）A～D　它们是 8421BCD 码输入端，D 为最高位。

（2）LT　测试端（图 4-53 中未给出），高电平时，显示器正常显示；低电平时，显示器一直显示数码"8"，各段都被点亮，以检查显示器是否有故障。

（3）$\overline{BI}$　消隐端，低电平时所有笔段均消隐，BI 端应加高电平显示正常。

（4）LE　锁定控制器端（图 4-53 中未给出），高电平时锁定，低电平时传输数据。

（5）a～g　它们是 8421BCD 码输出端，可驱动共阴极 LED 数码管。

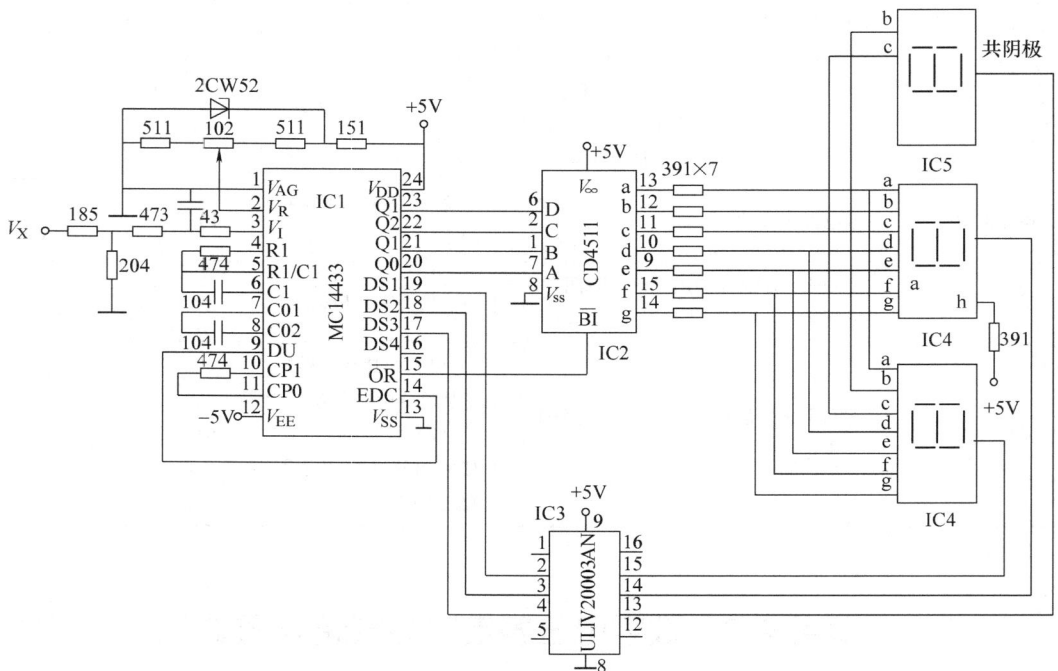

图 4-53　数字电压表电路

二、电路原理分析

电路中采用了动态扫描逐位显示技术，V_X 信号经 MC14433 进行 A/D 转换，MC14433 将转换后的数字信号以多路调制方式输出。其中，一方面由 MC14433 的位选通信号 DS1～DS4 依次输出高电平去控制反向驱动器 ULN2003AN 选通相应的千位、百位、十位和个位数码管；与此同时，由 MC14433 的 Q3～Q0 同步输出各位计数器的 BCD 码，在通过 CD4511 输出的译码驱动信号驱动相应的数码管显示出四位十进制数字。电路采用三个数码管分别用来显示输入电压值的十位、个位、小数点后一位，一共只需显示三个十进制数字。因此，只需使用 MC14433 上的 DS1、DS2、DS3 就能满足要求，DS4 可以不用，小数点直接由 +5V 电源供电。

当 MC14433 的输入电压 V_X 大于参考电压时，$\overline{OR}$ 过量程标志输出低电平，使连接的 CD4511 的消隐端 $\overline{BI}$ 为低电平，就迫使显示器消隐，不显示任何字形，而小数点依然亮。

为了控制电路成本，没有像常见电路那样采用基准电源集成电路作为参考电压源，而是采用通过两个 510Ω、一个 150Ω、一个 1kΩ 电位器和稳压二极管 2CW52 接 +5V 电源分压而成的，使参考电压控制在 2V。由于 MC14433 量程电压输入端的最大输入电压不能超过 1.999V，而被测输入电压的范围为 1.2 ~ 20V，所以被测输入电压需要经过分压才能接入，量程电压输入端 U_i 前必须用 1800kΩ 和 200kΩ 的电阻分压，4.7kΩ 和 47kΩ 的电阻限流，使输入电压约为原电压的 1/10，保持与 2V 参考电压相匹配。

技能训练

一、训练内容

安装并调试如图 4-53 所示的数字电压表电路。

二、设备、工具和材料准备

设备、工具和材料准备见表 4-34。

表 4-34 设备、工具和材料准备

序　号	代　号	名　　称	型　　号	数　量
1	IC1	A/D 转换器	MC14433	1
2	IC2	译码器	MC14511	1
3	IC3	反向驱动器	ULN2003AN	1
4	IC4、IC5	数码管	TBC5011H	3
5	VS	稳压二极管	2CW52	1
6	RP	电位器	1kΩ	1
7	R_8	电阻器	1800kΩ	1
8	R_9	电阻器	200kΩ	1
9	R_6、R_7	电阻器	470Ω	2
10	R_4	电阻器	47 kΩ	1
11	R_5	电阻器	4.7kΩ	1
12	R_1、R_2	电阻器	510Ω	2
13	$R_{10} \sim R_{17}$	电阻器	390Ω	8
14	R_3	电阻器	150Ω	1
15	C_2、C_4	电容器	0.1μF	2
16	C_1	电容器	0.01μF	1
17		试验板		1
18		常用电子组装工具		1 套
19		+15V 稳压电源		1 处
20		万用表		1 块
21		双踪示波器		1 台

三、操作步骤

1. 检测元器件

（1）元器件的清点　按表4-34核对元器件（见图4-54）的数量、型号和规格，如有短缺、差错应及时补缺和更换。

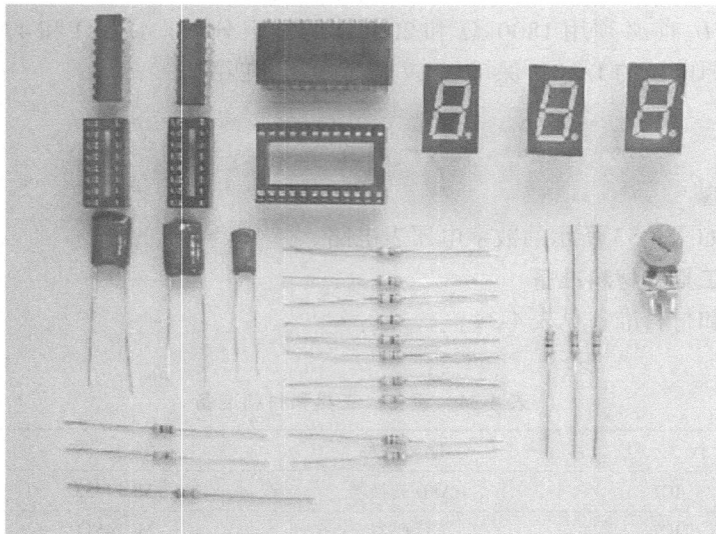

图4-54　元器件

（2）元器件的检测　用万用表电阻挡对元器件进行检测，对不符合质量要求的元器件剔除并更换。

（3）集成电路的识别　熟悉 MC14433 模/数转换器、MC14511 译码驱动器、ULN2003AN 反向驱动器、共阴极 LED 发光数码管的外形及其引脚功能。所需元器件如图4-54所示。

2. 装配电路

（1）画出装配图　根据图4-53正确进行装配图的设计，可以两面布线，以焊点一面为主，图中焊点、连接线、元器件都是安装时的实际位置，实线表示焊点一面的连接线，虚线表示元器件一面的连接线，连接线画的要平直，不能交叉。装配图如图4-55所示。实际安装电路板的焊点面如图4-56所示。

（2）试验板的插装与焊接

1）按装配图将元器件插装到试验板上，基本安装原则是：低后高，先里后外，上道工序不得影响下道工序。

2）电阻器采用卧式安装时需要占用4个焊盘，应紧贴板面安装，色标法电阻的色环标志顺序方向一致。

3）集成电路应安装相应插座，插座标记口方向应与集成电路标记口方向一致。将集成电路插入插座时，应避免插反及引脚未完全插入等现象。24 脚的插座占 7×12 个焊盘，16 脚的插座占 4×8 个焊盘，14 脚的插座占 4×7 个焊盘。

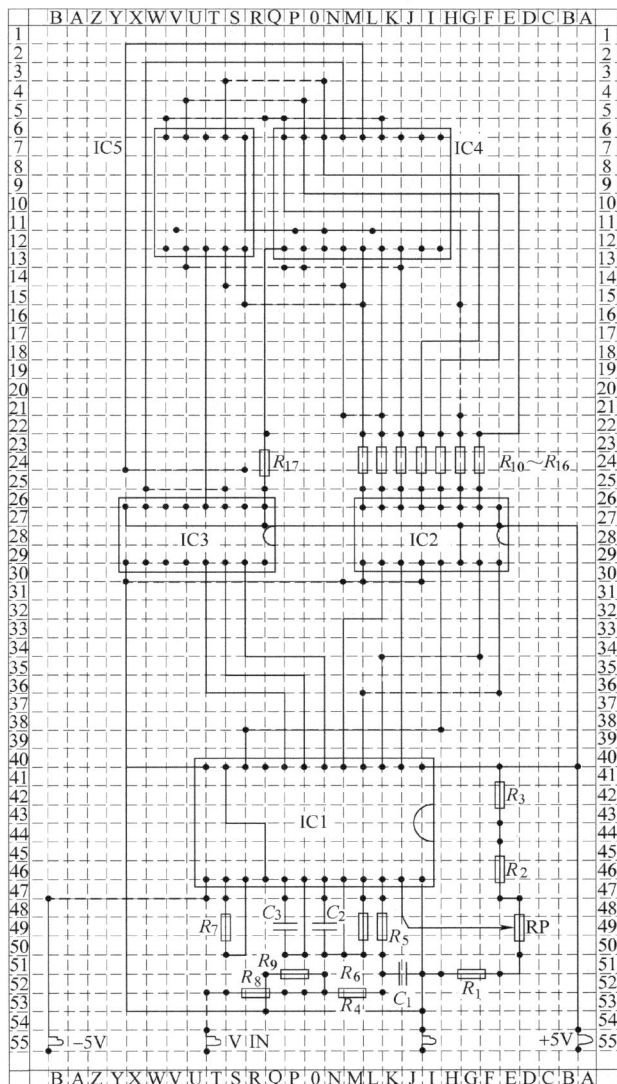

图 4-55　装配图

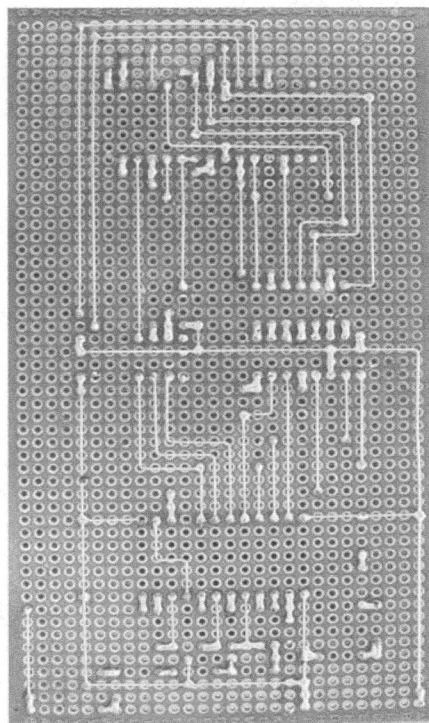

图 4-56　实际安装电路板的焊点面

4）电位器占用 4×7 个焊盘。

5）导线连线在焊点面上拐弯时，应采用直角形状，直角处用焊点加以固定。

6）所有焊点均采用直脚焊，焊接完成后应剪去多余引脚。

安装好的电路板如图 4-57 所示。

3. 测试电路

1）电路安装完成后，对照测试电路和装配图认真进行检查。

2）用万用表检测电源是否存在短路，确认无误后插上集成电路，进行通电测试。

3）测试要求：

①用万用表测量调整好的输入端电压值，例如可调整为 10V，然后调节 200kΩ 的电位器 RP，使数码管显示的数字为"10.0"。

②改变被测输入端电压值，观察数码管的状态变化情况，并记录下数字电压表的量程。

③用示波器观察 MC14433 多路选通脉冲信号 $DS_1 \sim DS_4$ 的波形，并做好相应记录。

图 4-57　安装好的电路板

四、成绩评分标准

成绩评分标准见表 4-35。

表 4-35　成绩评分标准

内　容	要　求		评 分 标 准	配分	扣分	得分
元器件识别与选用	识别与选用正确		每错一处扣 5 分	10		
电路装配与焊接	装配正确，符合工艺要求，焊点符合焊接要求	电路安装正确，完整	一处不符合扣 5 分	10		
		元器件完好，无损坏	一处损坏扣 2.5 分	5		
		布局层次合理，主次分清	一处不符合扣 5 分	15		
		接线规范，布线美观，横平竖直，接线牢固，无虚焊，焊点符合要求	一处不符合扣 2 分	10		
电路调试	通电调试成功		通电调试不成功扣 10 分	10		
数据测量	万用表、示波器使用正确，观测方法、结果正确		一处不符合扣 5 分	30		
安全生产	按国家颁发的安全生产法规或企业自定的规定考核		（1）每违反一项规定从总分中扣 2 分　（2）重大事故加倍扣分（总扣分不超过 10 分）	10		

项目 4.10　电子电路的检修

项目目的

1）掌握较复杂电子电路的检修方法与步骤。

2）熟悉电子电路的维修技能。

项目内容

较复杂电子电路的检修。

相关知识点析

一、检修较复杂电子电路故障的步骤

检修较复杂电子电路故障时，应按如下步骤进行操作：

1. 识别电子电路的类型

电子电路检修前，必须对要检修的电子电路进行性质识别：判断该电路是模拟电路、数字电路，还是集成运放电路；判断电路是用于处理、放大信号的，还是用于产生脉冲信号的；判断电路是电源电路，还是开关电路。对于不同性质的电路，其检修方法、测量手段、故障分析要点等都是不尽相同的。

2. 根据故障现象在电路上分析故障范围

根据电子电路的功能、信号等方面进行区域划分，结合电路故障现象，确定检查的区域范围。

3. 确定电路检测方案

确定电子电路的性质后，应针对其具体特点，确定对电路进行检查选用的仪器仪表、方法、步骤和测量点。

4. 用测量法确定故障点

运用检查工具，对各个测量点，进行测量和判断。根据仪表仪器显示的结果，遵循测量步骤，进行测量分析，直至检测到故障点。

5. 检修故障点，并通电试车

对电子电路进行元器件更换后，必须进行必要的调试，使其符合原来电路的要求。

6. 整理现场，做好检修记录

断开电子电路的电源开关，将桌面杂物清理干净。最后将工具、仪表和材料摆放整齐。主要记录内容包括：电子设备的型号、名称、编号、故障发生日期、故障现象、部位、损坏的电器、故障原因、修复措施及修复后的运行情况等。记录的目的：作为档案以备日后维修时参考，并通过对历次故障的分析，采取相应的有效措施，防止类似事故的再次发生或对电气设备的设计提出改进意见等。

操作要点提示：

1）测量在线电子元器件时，通过对换表笔进行测量结果比较，能较好地避免判断失误。

2）在用测量法检查故障点时，一定要保证测量工具和仪表完好，使用方法正确，还要

注意防止感应电流对其他电子元器件及电子电路的影响，以免扩大故障范围。

3）检修完毕后，应将检修过程中涉及到的各焊点重新检查一遍，避免存在虚焊、漏焊等问题；各连接导线应整理规范美观。同时将电路板、箱壳内的灰尘、杂物清理干净。

4）每次排除故障后，还应及时总结经验，并做好维修记录。

二、检修较复杂电子电路故障的方法

检修较复杂电子电路故障时，可采用下述几种方法：

1. 比较法

由于电路中一般都给出了某些重要参数，因此，处理并修复故障时，可对照电路中给出的参数进行比较和分析，这样检修时可以少走许多弯路。

2. 替换法

对于已经查找到的故障点，若需要补焊焊点，应严格按照焊接工艺要求进行补焊；若需更换电子元器件，可按同型号同参数要求进行更换。

元器件的拆卸和重新焊接时应注意以下几点：

（1）引脚较少的元器件　拿电烙铁加热待拆卸元器件的引脚焊点，熔解原焊点焊锡，同时用镊子夹住元器件轻轻向外拉出。

（2）多焊点且引脚较硬的元器件

1）采用吸锡器或吸锡电烙铁逐个将焊点上的焊锡吸掉后，再将元器件拉出。

2）用吸锡材料将焊点上的焊锡吸掉。

3）采用专用工具一次将所有焊点加热熔化，然后取下元器件。

（3）重新焊接　重新焊接元器件时，首先将元器件孔疏通，再根据孔距用镊子弯好元器件引脚，然后将其插入孔中并进行焊接。

3. 测量法

（1）测量直流电压　对整个电子电路中的某些关键点，要分别测量出有无信号时的直流电压，并与正常值进行比较，经过分析便可确定故障范围；然后，再测量出此故障电路中有关点的直流电压，就能较快找出故障所在位置。

（2）测量交流电压　主要是用来测量交流电路是否正常工作。对于音频输出电路或脉冲输出电路，有时也可以用万用表 dB 挡或交流电压挡串联一只高压电容器，用以检查有无脉冲或音频信号。由于所测量的是脉冲或音频电压，万用表的读数只作为判断电路是否正常工作的参考，不能代表实际电压值。

（3）测量电阻　通常是在关机状态下进行测量，主要测量内容如下：

1）测量交流和稳压直流电源的各输出端对地电阻，以检查电源的负载有无短路或漏电。

2）测量电源调整管、音频输出管和其他中、大功率管的集电极对地电阻，以防这些晶体管的集电极对地短路或漏电。

3）测量集成电路各引脚的对地电阻，以判断集成电路是否损坏或漏电。

4）直接测量某些元器件，以判断其是否损坏。例如：对于二极管和晶体管等器件，由于 PN 结的作用，最好进行正、反向电阻的测量；另外，由于万用表的内阻、电池电压等方面的差异，测试结果可能不一致，应多加注意。

（4）测量电流　这种方法常用来检查电源的输出电流、各单元电路的工作电流，尤其是输出极的工作电流，这样更能定量反映电路的静态工作是否正常。用万用表测量电路电流

时，电流挡的内阻应足够小，以免影响电路正常工作。

（5）利用示波器进行测量　检修电子电路时，示波器是通用性很强的信号特性测试仪，它既能显示被测电信号波形，又能测量电信号的幅度、周期、频率、时间间隔、相位等，还能测量脉冲信号的波形参数。多踪示波器还能进行信号比较。

4. 调试法

根据电路或接线图从电源端开始，逐步、逐段校对电子元器件的技术参数与电路是否相对应；校对连接导线连接的是否正确，检查焊点是否虚焊。

先进行静态的测量，应从电源开始，测量各关键点的直流电压值，是否与电路中规定值对应，进一步确定电路的正确性。再进行动态的测量，加入动态信号，用电子仪器与仪表进行测量，将测量结果与标准参数、波形对比，进一步调整电路，完善电路的性能。

技能训练

一、训练内容

检修如图 4-58 所示的串联型可调稳压电路。其中，电路故障设置为：电阻 R_1 断路。此时故障现象为：稳压电源电路没有电压输出。

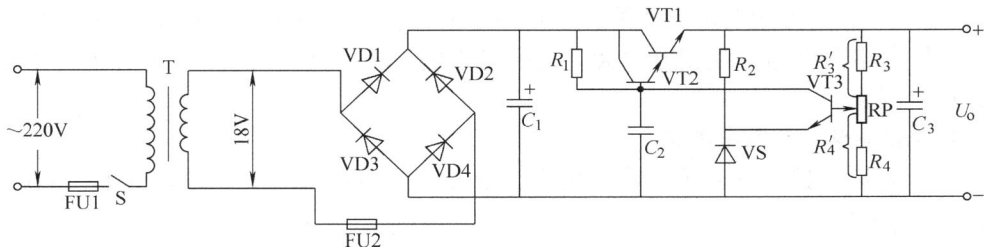

图 4-58　串联型可调稳压电路

二、设备、工具和材料准备

双踪示波器（SR8 型或自定）1 台，万用表（自定）1 块，电工通用工具 1 套，圆珠笔 1 支，演草纸（自定）2 张，绝缘鞋、工作服等 1 套，电子电路（串联型可调稳压电路）1 台，串联型可调稳压电路（与线路相配套的电路）1 套，故障排除所用的设备及材料（与串联型可调稳压电路相配套）1 套，单相交流电源（220V 和 36V、5A）1 处。

三、操作步骤

1. 识别电子电路的类型

VD1～VD4 是电路整流部分。C_1 为滤波电容。由 R_3、RP、R_4 组成取样电路，将取出电压变动量的一部分送至晶体管 VT3 的基极。R_2 与稳压二极管 VS 为 VT3 的发射极提供一个基本稳定的直流参考电压。R_4 与 VT3 将取样电路送来的输出电压变动量与基准电压进行比较、放大后，再去控制调整管。调整管由 VT1、VT2 组成，并受比较放大部分输出电压的控制，能够自动调整管压降的大小，以保证输出电压的稳定。当 RP 的滑臂向上滑动时，相当于减小 R_3'，增大 R_4'，输出电压下降；反之，当 RP 的滑臂向下滑动时，输出电压上升。当然，该电路输出电压可调范围是有限的，因为当 R_3' 过小就会使 VT3 饱和；R_4' 过大又会使 VT3 截止，所以 R'_3 过小及 R'_4 过大均会导致稳压电路失控。通过分析可以知道，该电子电路为串联调整型电源电路。

2. 根据故障现象在电路上分析故障范围

根据电源输出电压 $U_o = 0V$ 的故障现象，结合该电路的工作原理，可将整个电路划分为两个区域：交流部分和直流部分。应充分考虑到，从整流变压器到稳压电路的各个环节均有可能出现问题。

3. 确定电路检测方案

该电源电路的测量、分析方法较为简单，一般用万用表即可满足测量要求。

将万用表转换开关旋至交流电压 50V 的量程上，接通 S 开关，测量 VD1 ~ VD4 桥式整流的交流输入端有无 18V 电压。测量有 18V 电压，说明交流电源输入端正常。

将万用表转换开关旋至直流电压 50V 的量程上，接通 S 开关，测量 VD1 ~ VD4 桥式整流的直流输出端有无 21V 左右的直流电压。测量有直流电压，说明直流电源输出端正常。

此时可以得出结论：故障点应在稳压电路中。

4. 用测量法确定第一个故障点

将万用表转换开关旋至直流电压 50V 的量程上，测量电容器 C_2 两端的直流电压，测量结果为 0V，且 VT2 基极无直流工作电压，即调整管处于截止状态。

断开 S 开关，将万用表转换开关旋至 $R \times 10$ 的量程上，调零后测量 R_1 电阻，测得电阻 R_1 的阻值与电路图上标称值相差过大，进一步用电烙铁断开电阻 R_1 一侧管脚，用万用表测得 R_1 电阻断路。

5. 检修故障点，并通电试车

将 R_1 焊好后，接通 S 开关，将万用表转换开关旋至直流电压 50V 量程上，测量 U_o 电压正常，电路正常。

6. 整理现场，做好检修记录

固定好电路板，整理电路板间的所有连线，盖上外壳。清理维修工具、仪表和桌面等。

四、成绩评分标准

成绩评分标准见表 4-36。

表 4-36 成绩评分标准

序号	主要内容	评分标准	配分	扣分	得分
1	调查研究	排除故障前不进行调查研究，扣 2 分	5		
2	故障分析	错标或标不出故障范围，每个故障点扣 2 分	15		
		不能标出最小的故障范围，每个故障点扣 2 分	10		
3	故障排除	实际排除故障中思路不清楚，每个故障点扣 2 分	15		
		每少查出 1 处故障点扣 2 分	15		
		每少排除 1 处故障点扣 4 分	20		
		排除故障方法不正确，每处扣 4 分	20		
4	其他	（1）排除故障时产生新的故障后不能自行修复，每处扣 10 分；已经修复，每处扣 5 分 （2）损坏电动机扣 10 分			
5	工时	60min			

参 考 文 献

［1］曾令琴，杜诗超. 电子技术基础［M］. 北京：人民邮电出版社，2006.

［2］王建. 维修电工技能训练［M］. 北京：中国劳动社会保障出版社，2007.

［3］王建，邵小英. 数字电路［M］. 北京：机械工业出版社，2007.

［4］刘进峰. 电子制作实训［M］. 北京：中国劳动社会保障出版社，2006.

读者信息反馈表

感谢您购买《电子制作实训》一书。为了更好地为您服务，有针对性地为您提供图书信息，方便您选购合适图书，我们希望了解您的需求和对我们教材的意见和建议，愿这小小的表格为我们架起一座沟通的桥梁。

姓　　名		所在单位名称	
性　　别		所从事工作（或专业）	
通信地址		邮　　编	
办公电话		移动电话	
E-mail			

1. 您选择图书时主要考虑的因素：（在相应项前面√）
（　　）出版社　　（　　）内容　　（　　）价格　　（　　）封面设计　　（　　）其他
2. 您选择我们图书的途径（在相应项前面√）
（　　）书目　　（　　）书店　　（　　）网站　　（　　）朋友推介　　（　　）其他

希望我们与您经常保持联系的方式：
　　　　　　　　□电子邮件信息　　□定期邮寄书目
　　　　　　　　□通过编辑联络　　□定期电话咨询

您关注（或需要）哪些类图书和教材：

您对我社图书出版有哪些意见和建议（可从内容、质量、设计、需求等方面谈）：

您今后是否准备出版相应的教材、图书或专著（请写出出版的专业方向、准备出版的时间、出版社的选择等）：

非常感谢您能抽出宝贵的时间完成这张调查表的填写并回寄给我们，您的意见和建议一经采纳，我们将有礼品回赠。我们愿以真诚的服务回报您对机械工业出版社技能教育分社的关心和支持。

请联系我们——
地　　址　北京市西城区百万庄大街 22 号　机械工业出版社技能教育分社
邮　　编　100037
社长电话　（010）88379080　88379083　68329397（带传真）
E-mail　jnfs@ mail. machineinfo. gov. cn